网络数据库

主　审　曹华祝

主　编　邓　涛　陈　潇　杨剑涛

副主编　谌　莉　刘　毅　李绿波

　　　　张迎春　马　平

电子工业出版社.

Publishing House of Electronics Industry

北京·BEIJING

内 容 简 介

本书共 12 章，涉及的内容循序渐进，内容包括 SQL Server 2008 入门、创建数据库、创建数据表、Transact-SQL 编程、数据查询和管理、表数据操作、索引与视图、存储过程与触发器、安全管理与数据库维护、备份和还原、建设企业人事管理数据库、建设企业门户网站数据库。

本书可作为职业院校各专业的公共课教材，也可作为自学教材供自学者使用。

未经许可，不得以任何方式复制或抄袭本书之部分或全部内容。

版权所有，侵权必究。

图书在版编目（CIP）数据

网络数据库 / 邓涛，陈潇，杨剑涛主编. —北京：电子工业出版社，2017.8

ISBN 978-7-121-28528-8

Ⅰ. ①网… Ⅱ. ①邓… ②陈… ③杨… Ⅲ. ①关系数据库系统—高等职业教育—教材 Ⅳ. ①TP311.138

中国版本图书馆 CIP 数据核字（2016）第 069456 号

策划编辑：施玉新
责任编辑：裴　杰
印　　刷：三河市良远印务有限公司
装　　订：三河市良远印务有限公司
出版发行：电子工业出版社
　　　　　北京市海淀区万寿路 173 信箱　邮编　100036
开　　本：787×1 092　1/16　印张：17　字数：500 千字
版　　次：2017 年 8 月第 1 版
印　　次：2017 年 8 月第 1 次印刷
定　　价：38.00 元

前言

随着计算机技术的发展，前台页面、后台程序和数据库已经成为了一个网站的"标配"，数据库作为存放网站数据的"仓库"，发挥了巨大的作用。建立数据库并不难，但建立一个功能完善、具有可移植性、可扩展性、性能优良的数据库并不是那么容易。本书以当前通用的 SQL Server 2008作为平台，详细地讲解学生应当了解的数据库基础知识，并以项目案例为载体，帮助读者了解如何建设一个性能优良的数据库。

编写目标

本书以任务的方式呈现知识点，旨在让读者对以 SQL Server 2008 为平台的数据库知识有一个系统的了解和认识，特别强调了 T-SQL 语句的学习，为将来的后台程序学习打下基础。

内容组成

本书从 SQL Server 2008 的基本配置入手，详细介绍创建数据库、创建数据表的方法；第 4~6章介绍 Transact-SQL 编程、数据查询和管理，以及表数据操作，这是中职学生在学习 SQL Server 2008时最需要掌握的部分；第 7 章和第 8 章介绍学生需要了解的几个概念：索引、视图、存储过程、触发器；第 9 章和第 10 章介绍关于数据管理和维护、备份、恢复等方面的操作方法；第 11 章和第 12 章通过两个案例具体地介绍 SQL Server 2008 在实际项目开发中的重要作用。

编写特点

本书依托的是"国家示范性职业学校数字化资源共建计划"课题资源，不仅局限于一本书，也包括与书配套的系列教学资源，无论是为教师的教学，还是为学生的学习都提供了极大的便利。在编写过程中，以任务的方式呈现知识点，有意识地将数据库这门课程融入实际的项目应用中，让学生认识其重要性从而更好地学习。通过案例的实践解决学生在学习中的"迷茫"。

编写人员组成

本书由四川省成都市计算机中心联组成员、特级教师邓涛老师以及陈潇、杨剑涛老师担任主编，谌莉、刘毅、李绿波、张迎春、马平担任副主编，参与编写的还有李瑞、黄渝川、杨静、尚博、飞桐、罗维、付立娟、赵倩红、张玉珺、王瑞锋、张静等多位教师。

在这里，我们要感谢"国家示范性职业学校数字化资源共建计划"课题组和电子工业出版社的大力支持，为职业院校教师提供一个平台，让我们能将平日教学中的点滴汇总起来，形成这本有实践意义和价值的教材。

欢迎广大读者在使用本书的过程中提出相关意见和建议并反馈给我们，让我们的教材质量更上新的台阶，更好地为学生服务。

编者

目　录

第 1 章　SQL Server 2008 入门

数据库技术研究解决计算机信息处理过程中大量数据有效地组织和存储的问题，在数据库系统中删除数据存储冗余，实现数据共享，保障数据安全，以及高效地检索数据和处理数据。

学习目标

1. 了解数据库系统。
2. 掌握数据库系统的组成和关系数据库。

任务 1　了解数据库基础

任务描述

为了考查小王的专业水平，主考官要求小王就数据库基础知识和数据库的结构及设计原则进行描述。

任务要点

1. 了解数据库基础知识。
2. 掌握关系数据库设计。

任务实现

1. 数据库系统简介

随着计算机技术的发展，计算机的主要功能已从科学计算转变为事务处理。据统计，目前，全世界 80%以上的计算机主要从事事务处理工作。在进行事务处理时，并不要求复杂的科学计算，主要是从大量有关数据中提取所需信息。因此，在进行事务处理时，必须在计算机系统中存入大量数据。为了有效地使用存放在计算机系统中的大量有关数据，必须采用一整套严密合理的存取数据、使用数据的方法。

数据管理是指对数据的组织、存储、维护和使用等。随着计算机技术的发展，数据管理的方法也在不断进步，大体上可将其分为三个阶段：人工管理阶段、文件管理阶段和数据库系统阶段。

2. 数据库系统的组成

一个数据库系统（Database System）一般是由数据库（Database）、数据库管理系统（Database Management System，DBMS）及数据库用户组成。广义地说，数据库系统是由计算机硬件、操作系统、数据库管理系统及在它支持下建立起来的数据库、数据库应用程序、用户和维护人员组成的一个整体。

1）数据库

数据库（DB）是存放数据的仓库，只不过这些数据存在一定的关联，并按一定的格式存放在计算机内。广义上讲，数据不仅包含数字，还包括文本、图像、音频、视频等。

例如，把一个学校的学生、课程、学生成绩等数据有序地组织并存放在计算机内，就可以构成一个数据库。因此，数据库由一些持久的相互关联的数据的集合组成，并以一定的组织形式存放在计算机的存储介质中。

2）数据库管理系统

数据库管理系统（DBMS）是管理数据库的系统，它按一定的数据模型组织数据。DBMS 应提供如下功能。

（1）数据定义：可定义数据库中的数据对象。

（2）数据操纵：可对数据库表进行基本操作，如插入、删除、修改、查询等。

（3）数据的完整性检查：保证用户输入的数据满足相应的约束条件。

（4）数据库的安全保护：保证只有具有权限的用户才能访问数据库中的数据。

（5）数据库的并发控制：使多个应用程序可在同一时刻并发地访问数据库的数据。

（6）数据库系统的故障恢复：使数据库运行出现故障时进行数据库恢复，以保证数据库可靠运行。

（7）在网络环境下访问数据库。

（8）方便、有效地存取数据库信息的接口和工具。编程人员通过程序开发工具与数据库的接口编写数据库应用程序。数据库系统管理员（DataBase Administrator，DBA）通过提供的工具对数据库进行管理。

3）数据库系统

数据、数据库、数据库管理系统与操作数据库的应用程序，加上支撑它们的硬件平台、软件平台和与数据库有关的人员一起构成了一个完整的数据库系统。

（1）系统程序员。系统程序员负责整个数据库系统的设计工作，按照用户的需求安装数据库管理系统，建立维护数据库管理系统及相关软件的工具，设计合适的数据库及表文件，并对整个数据库的存取权限作出规划。

（2）数据库管理员。数据库管理员（DataBase Administrator，DBA）是支持数据库系统的专业技术人员。数据库管理员的任务主要是决定数据库的内容，对数据库中的数据进行修改、维护，对数据库的运行状况进行监督，管理账号、备份和还原数据，以及提高数据库的运行效率。

（3）应用程序员。应用程序员负责编写访问数据库的面向终端用户的应用程序，使得用户可以很方便地使用数据库。

（4）操作员。操作员只需操作应用程序软件来访问数据库，利用数据库系统完成日常的工作。

3. 关系数据库

1）数据模型概述

（1）数据模型的概念

数据模型是现实世界中的事物间相互联系的一种抽象表示，是一种形式化描述数据、数据间联系及有关语义约束规则的方法。

（2）数据模型的分类

数据模型包括概念数据模型（又称概念模型）和逻辑数据模型（又称数据模型）两类，如图 1-1 所示。

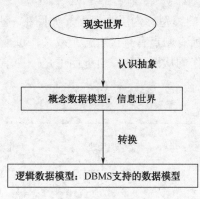

图 1-1　数据模型

（3）数据模型的组成

① 数据结构。是指对实体类型和实体间联系的表达实现，是数据模型最基本的组织部分，规定了数据模型的静态特性。

② 数据操作。是指对数据库进行的检索和更新两类操作。

③ 数据的约束条件。数据的约束条件是一组完整性规则的集合，它定义了给定数据模型中数据及其联系应具有的制约和依赖规则。

2）三种基本的数据模型

数据模型是建立在数据库层上的一种计算机软件模型，其重点在于明确表示出数据之间的整体性联系。目前最常用的三种模型是网状模型、关系模型、层次模型。其中，层次模型和网状模型统称为非关系模型，由此构成的数据库属于非关系数据库产品，目前较少使用，关系模型构成关系数据库，是当前数据库主流产品。

（1）网状模型

在现实世界中，事物之间的联系更多的是非层次关系的，用层次模型表示非树型结构是很不直接的，网状模型则可以克服这一弊病。网状模型是一个网络，在数据库中，满足以下两个条件的数据模型称为网状模型。

① 允许一个以上的结点无父结点；

② 一个结点可以有一个以上的父结点。从以上定义看出，网状模型构成了比层次结构复杂的网状结构，如图 1-2 所示。

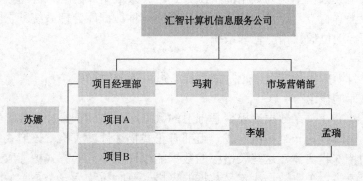

图 1-2　网状模型

（2）层次模型

层次模型是网状模型的特例。如果一个网状模型的每一个结点至多只有一个双亲结点，这个模型的基本结构即呈树型，这样的模型称为层次模型，如图 1-3 所示。

在树型结构中，除根以外的所有结点有且仅有一个双亲，每个实体集（根集除外）均只要给出一个联系，在树型结构中数据操作均从根开始，自上而下是一种单向的搜索过程，如图 1-4 所示。

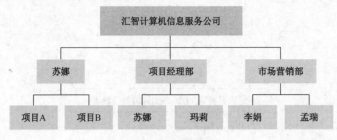

图 1-3　层次模型

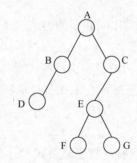

图 1-4　层次模型二叉树结构

（3）关系模型

关系模型是通过满足一定条件的二维表来表示实体集属性间的关系，以及实体集之间联系的形式模型，它具有简单、易学、易用等特点，使用的数据库系统绝大多数是关系型数据库。

在数据库中，满足下列条件的二维表称为关系模型。

① 每一列中的分量是类型相同的数据；

② 列的顺序可以是任意的；

③ 行的顺序可以是任意的；

④ 表中的分量是不可再分割的最小数据项，即表中不允许有子表；

⑤ 表中的任意两行不能完全相同。

关系数据库采用关系模型作为数据的组织方式。关系数据库因其严格的数学理论、使用简单灵活、数据独立性强等特点，而被公认为最有前途的一种数据库管理系统。它的发展十分迅速，目前已成为占据主导地位的数据库管理系统。

3）关系数据库

关系数据库是目前应用最广泛，也是最重要、最流行的数据库。

（1）关系数据库的概念

关系数据库是建立在关系数据库模型基础上的数据库，借助于集合代数等概念和方法来处理数据库中的数据，同时也是一个被组织成一组拥有正式描述性的表格，该形式的表格作用的实质是装载着数据项的特殊收集体，这些表格中的数据能以许多不同的方式被存取或重新集合而不需要重新组织数据库表格。关系数据库定义数据的表格（有时被称为一个关系）包含用列表示的一个或更多的数据种类。每行包含一个唯一的数据实体，这些数据是被列定义的种类。

（2）关系数据库的特点

① 数据的结构化。数据库中的数据并不是杂乱无章、毫不相干的，它们具有一定的组织结构，

属于同一集合的数据具有相似的特征。

② 数据的共享性。在一个单位的各个部门之间，存在着大量的重复信息。使用数据库的目的就是要统一管理这些信息，删除冗余，使各个部门共同享有相同的数据。

③ 数据的独立性。数据的独立性是指数据记录和数据管理软件之间的独立。数据及其结构具有独立性，不应该去改变应用程序。

④ 数据的完整性。数据的完整性是指保证数据库中数据的正确性。可能造成数据不正确的原因很多，数据库管理系统通过对数据的性质进行检查而管理它们。

⑤ 数据的灵活性。数据库管理系统不是把数据简单堆积，它在记录数据信息的基础上具有很多的管理功能，如输入、输出、查询、修改等。

⑥ 数据的安全性。根据用户的职责，不同级别的人对数据库具有不同的权限，数据库管理系统应该确保数据的安全性。

（3）关系数据库的优点

① 关系模型与非关系模型不同，关系模型是建立在严格的数学概念的基础上的。

② 关系模型的概念单一，无论实体还是实体之间的联系都用关系表示，操作的对象和操作的结果都是关系，因此其数据结构简单、清晰，用户易懂易用。

③ 关系模型的存取路径对用户透明，从而具有更高的数据独立性、更好的安全保密性，也简化了程序员的工作和数据库开发建立的工作。

当然，关系数据模型也有不足之处，其中最主要的缺点是，由于存取路径对用户透明，查询效率不如非关系数据模型。因此为了提高性能，必须对用户的查询请求进行优化，增加了开发数据库管理系统的难度。

任务 2 认识 SQL Server 2008

▌▌ 任务描述

为了考查小王的专业水平，主考官要求小王就 SQL Server 2008 的性能优点进行描述。

▌▌ 任务要点

1. 了解 SQL Server 2008 的发展史。
2. 了解 SQL Server 2008 的新性能。

▌▌ 任务实现

1. SQL Server 的发展简史

SQL Server 是一个关系数据库管理系统。它最初是由 Microsoft、Sybase 和 Ashton-Tate 三家公司共同开发的，于 1988 年推出了 OS/2 版本。Microsoft 公司于 1992 年将 SQL Server 移植到了 Windows NT 平台上。

Microsoft SQL Server 7.0 版本中数据存储和数据库引擎方面根本性的变化，更加确立了 SQL Server 在数据库管理系统中的主导地位。

Microsoft 公司于 2000 年发布了 SQL Server 2000，这个版本在 SQL Server 7.0 的基础上对数据库性能、数据可靠性、易用性等做了重大改进。

2005 年，Microsoft 公司发布了 SQL Server 2005，该版本可以为各类用户提供完整的数据库解决方案，可以帮助用户建立自己的电子商务体系，增强用户对外界变化的敏捷反应能力，提高用户的市场竞争力。

最新的 SQL Server 2008 提供了更安全、更具延展性、更高的管理能力，成为一个全方位企业资料、数据的管理平台。其主要功能有如下几点。

1）保护数据库咨询

SQL Server 2008 提供对整个数据库、数据表与日志服务的加密机制，并且在程式存取加密数据库时，不需要修改任何程序。

2）简化服务器的管理操作

SQL Server 2008 采用 Policy Based 管理取代现有的 Script 管理，这样可以减少花在例行性管理与操作上的时间，而且通过 Policy Based 的统一政策，可以同时管理数千部 SQL Server，以达成企业的一致性管理，DBA 不必一台一台地去设定 SQL Server 新的组态或管理设置。

3）增加了应用程序的稳定性

SQL Server 2008 面对企业关键性应用程序时，将会提供比 SQL Server 2005 更高的稳定性，并简化数据库失败复原的工作，甚至提供加入额外 CPU 或内存而不影响应用程序的功能。

4）最佳化系统执行效能与预测功能

SQL Server 2008 继续在数据库执行效能与预测功能上投资，不但进一步强化执行效能，并且自动收集数据资料，将其存储在一个中央资料容器中，而系统针对容器中的资料提供现成的管理报表，让 DBA 比较系统地了解现有执行效能与先前历史效能的比较报表，从而进一步做管理与分析决策。

2．SQL Server 2008 体系结构

SQL Server 2008 系统由 4 个主要部分组成，这 4 个部分被称为 4 个服务，分别是数据库引擎、分析服务、报表服务和集成服务，这些服务之间相互依存。

1）数据库引擎

数据库引擎（SQL Server Database Engine，SSDE）是 SQL Server 2008 系统的核心服务，负责完成业务数据的存储、处理、查询和安全管理等操作。例如，创建数据库、创建表、执行各种数据查询、访问数据库等操作都是由数据库引擎完成的。在大多数情况下，使用数据库系统实际上就是使用数据库引擎。例如，在某个使用 SQL Server 2008 系统作为后台数据库的航空公司机票销售信息系统中，SQL Server 2008 系统的数据库引擎服务负责完成机票数据的添加、更新、删除、查询及安全控制等操作。

图 1-5　SQL Server 2008 系统

2）分析服务

分析服务（SQL Server Analysis Server，SSAS）提供了多维分析和数据挖掘功能，可以支持用户建立数据库和进行商业智能分析。相对多维分析（也称为 OLAP，即 Online Analysis Processing，联机分析处理）来说，OLTP（Online Transcation Processing，联机事务处理）是由数据库引擎负责完成的，使用 SSAS 服务，可以设计、创建和管理包含来自于其他数据源数据的多维结构，对多维数据进行多个角度的分析，可以支持管理人员业务数据的全面的理解。另外，通过使用 SSAS 服务，用户可以完成数据挖掘模型的构造和应用，实现知识发现、知识表示、知识管理和知识共享。

3）报表服务

报表服务（SQL Server Reporting Services，SSRS）为用户提供了支持 Web 的企业级的报表功能。通过使用 SQL Server 2008 系统提供的 SSRS 服务，用户可以方便地定义和开发满足自己需求的报表。无论是报表的局部格式，还是报表的数据源，用户都可以轻松地实现，这种服务极大地便利了企业的管理工作，满足了管理人员高效、规范的管理需求。

4）集成服务

集成服务（SQL Server Integration Services，SSIS）是一个数据集成平台，可以完成有关数据的提取、转换、加载等。例如，对于分析服务来说，数据库引擎是一个重要的数据源，如何将数据源中的数据经过适当地处理加载到分析服务汇总中，以便进行各种分析处理，正是 SSIS 服务所要解决的问题。重要的是 SSIS 服务可以高效地处理各种数据源，除了 SQL Server 数据之外，还可以处理 Oracle、Excel、XML 文档、文本文件等数据源中的数据。

SQL Server 2008 是一个提供了联机失误处理、数据仓库、电子商务应用的数据库和数据分析的平台。体系架构是描述系统组成要素和各要素之间关系的方式，SQL Server 2008 系统的系统结构是对 SQL Server 2008 的主要组成部分和这些组成部分之间关系的描述。

任务 3　安装与配置 SQL Server 2008

▌▌任务描述

企业新进一批计算机，经理要求小王重新在计算机上安装和配置 SQL Server 2008。

▌▌任务要点

1. 安装 SQL Server 2008。
2. 配置 SQL Server 2008。

▌▌任务实现

1. 安装 SQL Server 2008

1）安装前的必要条件

（1）确保拥有计算机的管理员权限。

（2）确保当前运行的防病毒软件已经被关闭。

（3）确保关闭了所有和 SQL Server 有依赖关系的服务。

（4）确保关闭了系统的事件查看器和注册表编辑器程序。

2）设置服务器安全环境

（1）配置安全的文件系统。

（2）使用防火墙。

（3）增强物理安全性。

（4）隔离服务。

（5）禁用 NetBIOS 和服务器消息块。

3）安装过程

安装时要注意两个前提条件：第一个是需要预先安装.NET Framework 3.5 SP1 组件（可通过网络在线安装或下载后安装）；第二个是要求使用 Microsoft Windows Installer 4.5 及以上版本的程序来支持安装。

安装过程如下。

（1）将 SQL Server 的安装光盘放入光驱。若使用镜像文件安装则使用虚拟光驱工具将镜像文件载入虚拟光驱。

（2）双击安装光盘图标，或者执行安装程序所在的目录下的 Setup.exe 程序，启动 SQL Server 2008 企业版安装进程。

（3）安装程序将首先检测当前的系统环境是否满足安装的要求。

（4）系统重启后，再次双击安装光盘图标或执行 Setup.exe 安装程序，启动 SQL Server 2008 安装中心，如图 1-6 所示。

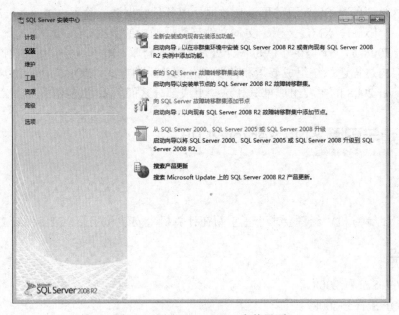

图 1-6　SQL Server 2008 安装界面

（5）系统将对当前安装环境进行支持规则检测，如图 1-7 所示，所有规则已经全部通过系统检测。

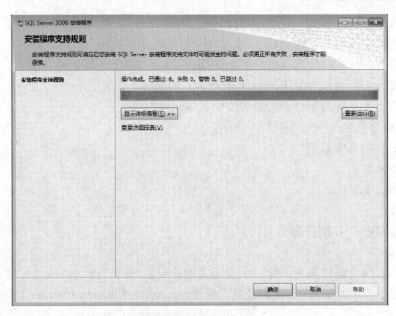

图 1-7　规则检测界面

（6）单击"确定"按钮，进入产品密钥界面，如图 1-8 所示；在该界面的"指定可用版本"下拉列表中选择所要安装的系统版本，并在"输入产品密钥"文本框中输入产品密钥。

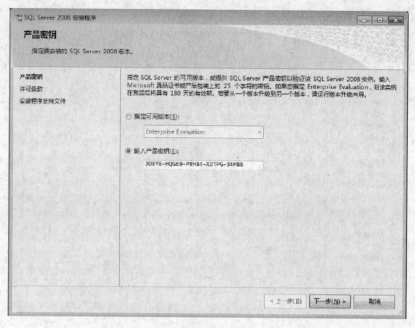

图 1-8 产品密钥界面

（7）单击"下一步"按钮，进入许可条款界面，如图 1-9 所示。选中"我接受许可条款"复选框，然后单击"下一步"按钮，进入安装程序支持文件界面。

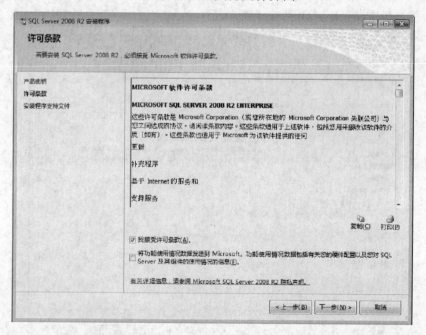

图 1-9 许可条款界面

（8）安装完支持文件后，系统将再次检测安装程序支持规则。

（9）单击"下一步"按钮，进入功能选择界面，该界面列出了系统包含的各个功能组件；用户可以根据实际需要，选择需要安装的功能模块，并可通过单击"共享功能目录"文本框右侧的按钮改变组件的默认安装目录。

（10）单击"下一步"按钮进入实例配置界面，实例配置界面用来设置 SQL Server 服务器的实例名称，如图 1-10 所示。

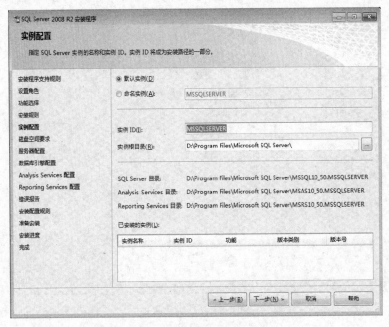

图 1-10　实例配置界面

（11）单击"下一步"按钮，进入磁盘空间要求界面，该界面列出了当前 SQL Server 2008 安装实例所需要的硬盘空间大小，如图 1-11 所示。

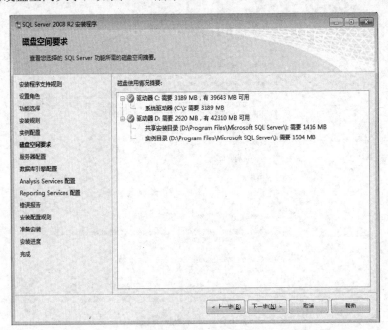

图 1-11　分配磁盘空间

（12）单击"下一步"按钮，进入服务器配置界面，该界面主要用来设置服务的账户、启动类型、排序规则等，如图 1-12 所示。

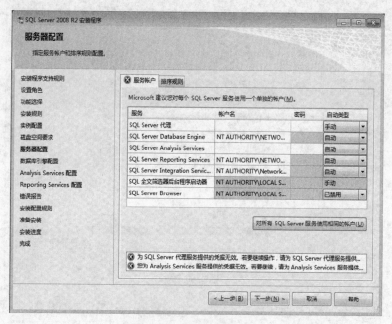

图 1-12　服务器配置界面

（13）单击"下一步"按钮，进入数据库引擎配置界面，该界面包含"账户设置"、"数据目录"和"FILESTREAM" 3 个选项卡，如图 1-13 所示。

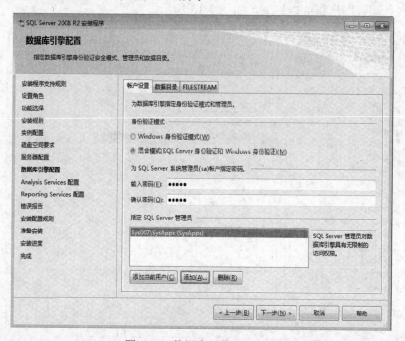

图 1-13　数据库引擎配置界面

图 1-13 中各选项卡的作用如下。

① "账户设置"选项卡用来选择身份验证模式。

② "数据目录"选项卡用来设置数据库文件保存的默认目录。

③ "FILESTREAM"选项卡用于在 SQL Server 2008 安装过程中配置和激活文件流。

（14）在当前的安装实例中，选择以混合验证模式使用数据库，如图 1-14 所示。

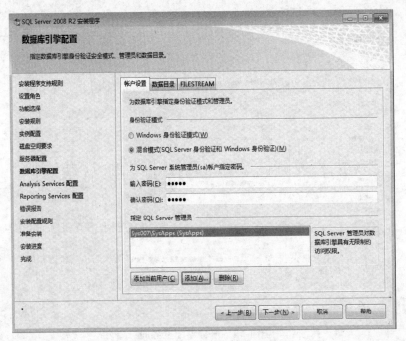

图 1-14   使用混合验证模式

（15）单击"下一步"按钮，进入 Analysis Services 配置界面，使用与"数据库引擎配置"同样的方法为该服务配置用户和数据目录，如图 1-15 所示。

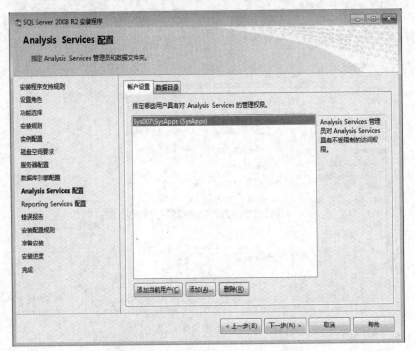

图 1-15   进行 Analysis Services 配置

（16）单击"下一步"按钮，进入 Reporting Services 配置界面，如图 1-16 所示。

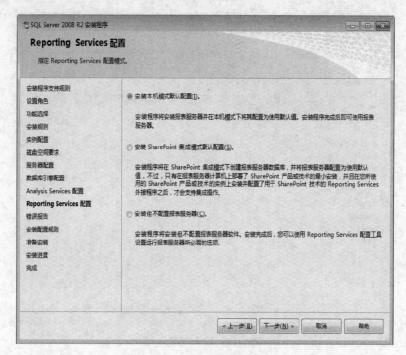

图 1-16　报告服务配置界面

（17）单击"下一步"按钮，进入错误报告设置界面，如图 1-17 所示。

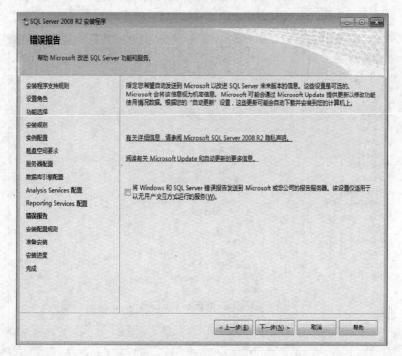

图 1-17　错误报告设置界面

（18）单击"下一步"按钮，进入安装配置规则界面，检测前面的配置是否满足 SQL Server 2008 的安装规则，如图 1-18 所示。

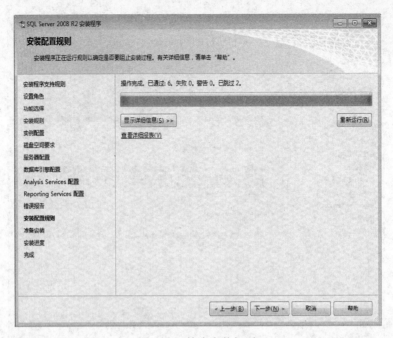

图 1-18　检查安装规则

（19）操作完成后单击"下一步"按钮，进入如图 1-19 所示的准备安装界面，检验要安装的 SQL Server 2008 功能。单击"安装"按钮，系统按照前面定制的配置开始 SQL Server 2008 的安装。

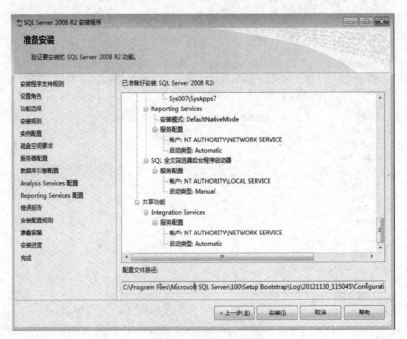

图 1-19　准备安装界面

（20）安装过程中，系统动态显示安装进度完成比例指示，当安装进度全部完成后单击"下一步"按钮，进入完成界面，至此，SQL Server 2008 系统安装完毕，如图 1-20 所示。

图1-20　SQL Server 2008系统安装完毕

2．配置SQL Server 2008

1）SQL Server 2008服务器的配置包括以下3个方面

（1）验证SQL Server安装。

（2）配置Reporting Services。

（3）配置Windows防火墙。

2）SQL Server 2008包含七类服务组件

（1）SQL Server服务。

（2）SQL Server集成服务。

（3）SQL Server全文检索服务。

（4）SQL Server分析服务。

（5）SQL Server报表服务。

（6）SQL Server浏览服务。

（7）SQL Server代理服务。

3）配置Reporting Services的步骤

（1）执行"开始→所有程序→SQL Server 2008→配置工具→Reporting Services配置管理器"命令，打开"Reporting Services配置连接"对话框，如图1-21所示。

图1-21　"Reporting Services配置连接"对话框

（2）在图1-21所示的对话框中，选择服务器的名称指定要配置的报表服务器实例对象。然后单击"连接"按钮，在出现如图1-22所示的界面中选择服务类型。

图 1-22   选择服务界面

（3）在报表服务配置管理器中，用户可根据需要进行相应对象的配置。

4）SQL Server 常用的端口

（1）数据库引擎最常用的端口是 1433 端口。

（2）报表服务需要通过 Web 的方式提供服务，默认使用的是 80 端口。

（3）客户端在连接服务器时，将会连接到服务器的 2382 端口，该端口也是 SQL Server Browser 使用的端口；另外，SQL Server Browser 还使用 UDP 的 1434 端口。

（4）如果要访问服务控制管理器，必须打开 TCP 的 135 端口。

任务 4   SQL Server 管理工具

▌▌ 任务描述

公司招进了一批新的工作人员，公司要求小王对其进行 SQL Server 管理工具的培训。

▌▌ 任务要点

1. SQL Server 管理工具的认识。

2. SQL Server 管理工具的操作。

▌▌ 任务实施

1. SQL Server Management Studio

SQL Server Management Studio（或称为 SQL Server 集成管理器，简写为 Management Studio，可缩写为 SSMS）是为 SQL Server 数据库管理员和开发人员提供的新工具。此工具由 Visual Studio 内部承载，它提供了用于数据库管理的图形工具和功能丰富的开发环境。Management Studio 将 SQL Server 2000 企业管理器、Analysis Manager 和 SQL 查询分析器的功能集于一身，还可用于编写 MDX、XMLA 和 XML 语句。Management Studio 是一个功能强大且灵活的工具。但是，初次使用 Visual Studio 的用户有时无法快捷访问所需的功能。以下是 Management Studio 的基本使用方法。

（1）启动 Management Studio，执行"开始"→"所有程序"→"SQL Server 2008"→"Management

Studio" 命令，出现如图 1-23 所示的界面。

图 1-23　连接服务器界面

（2）在"服务器名称"文本框中，输入 SQL Server 实例的名称；
单击"选项"按钮，可以浏览各选项；单击"连接"按钮，连接到服
务器。如果已经连接，则将直接返回到对象资源管理器，并将该服务
器设置为焦点，如图 1-24 所示。

连接到 SQL Server 的某个实例时，对象资源管理器会显示外观和
功能与 SQL Server 2008 企业管理器中的控制台根节点相似的信息。增
强功能包括在浏览数以千计的数据库对象时可具有更大的伸缩性。使
用对象资源管理器，可以管理 SQL Server 安全性、SQL Server 代理、
复制、数据库邮件及 Notification Services。但要注意，对象资源管理器
只能管理 Analysis Services、Reporting Services 和 SSIS 的部分功能。
上述每个组件都有其他专用工具。

图 1-24　对象资源管理器

2．SQL Server 配置管理器

SQL Server 配置管理器（简称配置管理器）包含 SQL Server 2008
服务、SQL Server 2008 网络配置和 SQL Native Client 配置 3 个工具，
供数据库管理人员做服务器启动、停止与监控、服务器端支持的网络
协议配置、用户访问 SQL Server 2008 的网络相关设置等工作。

1）配置服务

（1）SQL Server 2008 配置可以执行"开始"→"SQL Server 配置管理器"命令打开，或者通
过在命令提示符下输入"sqlservermanager.msc"命令来打开。

（2）首先打开 SQL Server 配置管理器，查看列出的与 SQL Server 2008 相关的服务，选择服
务名并右击，在弹出的快捷菜单中选择"属性"选项，弹出"SQL Server（MSSQLSERVER 属性）"
对话框，在"登录"选项卡中设置服务的登录身份，如图 1-25 所示。

（3）切换到"服务"选项卡，设置 SQL Server（MSSQLSERVER）服务的启动模式，有"自
动"、"手动"、"禁用"等选项，用户可以根据需要进行更改，如图 1-26 所示。

2）网络配置

（1）SQL Server 2008 能使用多种协议，包括 Shared Memory、Named Pipes、TCP/IP 和 VIA，
所有这些协议都有独立的服务器和客户端配置。通过"SQL Server 配置管理器"窗口可以为每一
个服务器实例独立地设置网络配置，如图 1-27 所示。

图 1-25 设置登录身份   图 1-26 设置启动模式

图 1-27 "SQL Server 配置管理器"窗口

（2）在"SQL Server 配置管理器"窗口中，单击左侧的"SQL Server 网络配置"节点，在窗口右侧显示出所有 SQL Server 服务器中所使用的协议，右击协议名称，在弹出的快捷菜单中选择"属性"选项，然后在弹出的对话框中进行设置启用或禁用操作，如图 1-28 所示。

（3）Shared Memory 协议：Shared Memory 协议仅用于本地连接，如果该协议被启用，任何本地客户都可以使用此协议连接服务器。如果不希望本地客户使用 Shared Memory 协议，则可以禁用，如图 1-29 所示。

图 1-28 设置启用或禁用协议

图 1-29　设置客户端协议

（4）TCP/IP 协议：TCP/IP 协议是通过本地或远程连接到 SQL Server 的首选协议。使用 TCP/IP 协议时，SQL Server 在指定的 TCP 端口和 IP 地址侦听已响应它的请求，如图 1-30 所示。

图 1-30　TCP/IP 协议界面

3）本地客户端协议配置

（1）通过 SQL Native Client（本地客户端协议）配置可以启用或禁用客户端应用程序使用的协议。查看客户端协议配置情况的方法是，在"SQL Server 配置管理器"窗口中展开"SQL Native Client 配置"节点，在窗口右侧的信息窗格中显示了协议的名称及客户端尝试连接到服务器时使用协议的顺序，用户还可以查看有关协议文件的详细信息。如图 1-31 所示。

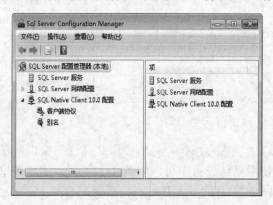

图 1-31　配置本地客户端协议

（2）在默认的情况下 Shared Memory 协议总是首选的本地连接协议。要改变协议顺序可右击协议，在弹出的快捷菜单中选择"顺序"选项，在弹出的"客户协议属性"对话框中进行设置，从"启动的协议"列表中选择一个协议，然后通过右侧的两个按钮来调整协议向上或向下移动。

3. SQL Server Profiler

Microsoft SQL Server Profiler 是 SQL 跟踪的图形用户界面，用于监视数据库引擎或 Analysis Services 的实例。用户可以捕获有关每个事件的数据并将其保存到文件或表中供以后分析。例如，可以对生产环境进行监视，了解哪些存储过程由于执行速度太慢影响了性能。

（1）执行"开始"→"所有程序"→"SQL Server Management Studio"→"工具"→"SQL Server Profiler"命令，弹出 SQL Server Profiler 窗口，如图 1-32 所示。

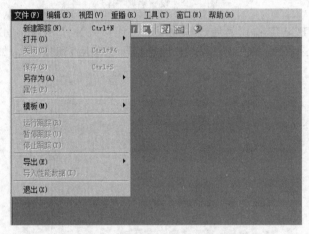

图 1-32　SQL Server Profiler 配置窗口

（2）在工作窗口中，执行"文件"→"新建跟踪"命令，弹出"连接到数据库引擎"对话框，在对话框中输入跟踪的数据库服务器名称、用户名和密码等信息，如图 1-33 所示。

图 1-33　"连接到数据库引擎"对话框

（3）输入完成后，单击"连接"按钮，弹出"跟踪属性"窗口，在该窗口中的"常规"选项卡中进行基本设置，一般使用默认设置即可，如图 1-34 所示。"事件选择"选项卡用来设置要跟踪的事件，基本上 SQL Server 中有的事件都有，包括用户 SQL Server Management Studio 操作数据库的过程都可以跟踪得到，只要单击显示所有事件就可以进行全部事件的选择了。

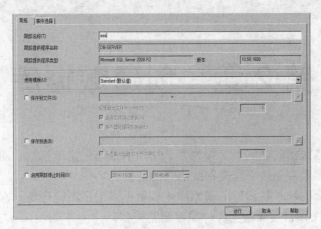

图 1-34　常规选项卡

（4）设置完成后，单击"运行"按钮即可。如果用户感兴趣，也可以对列进行重新排列和筛选，只要单击下面相应的按钮根据提示操作就可以了。

4．数据库引擎优化顾问

使用数据库引擎优化顾问对跟踪的记录进行分析。首先要把跟踪到的记录导出为".trc"类型的文件。

（1）执行"开始"→"程序"→"Microsoft SQL Server 2008"→"工具"→"数据库引擎优化顾问"命令，打开数据库引擎优化顾问界面。

（2）在打开的数据库引擎优化顾问界面中一般应用默认设置即可，但一定要选择用于工作负荷的数据库和表，意思就是设置要分析的数据库，否则会分析不成功。

5．Reporting Services 配置

（1）执行"开始"→"所有程序"→"Microsoft SQL Server 2008"→"配置工具"→"Reporting Services 配置管理器"命令，打开"Reporting Services 配置连接"对话框，在该对话框中，可以选择要配置的报表服务器实例，如图 1-35 所示。

图 1-35　选择服务器实例

（2）在"服务器名称"中，指定安装报表服务器实例的计算机名称。指定的默认值是本地计算机名称，但也可以输入远程 SQL 服务器实例的名称。如果指定远程计算机，单击"查找"按钮建立连接。必须事先配置报表服务器，以便进行远程管理。

（3）在"报表服务器实例"中，选择要配置的 SQL Server 2008 Reporting Services 实例。在列表中只显示 SQL Server 2008 报表服务器实例。

（4）最后单击"启动"按钮即可完成 Reporting Services 配置。

第 2 章　创建数据库

数据库是用来存储数据的空间，它作为存储结构的最高层次是其他一切数据库操作的基础。用户可以通过创建数据库来存储不同类别或形式的数据。

在本章将详细地介绍针对数据库的基本操作和数据库的日常管理操作，即如何创建数据库、对数据/日志文件进行操作、生成数据库快照等日常操作。

学习目标

1. 了解数据库对象及构成。
2. 掌握创建数据库的方法。
3. 掌握管理数据库的方法。
4. 查看和修改数据库选项。

任务 1　认识常见的数据库对象

任务描述

小王应聘××公司的数据库管理员，在面试中，主考官要求他介绍一下常见的数据库对象。

任务要点

了解常见的数据库对象。

任务实现

数据库中存储了表、视图、索引、存储过程、触发器等数据库对象，这些数据库对象存储在系统数据库或用户数据库中，用来保存 SQL Server 数据库的基本信息及用户自定义的数据操作等。数据库对象是数据库的组成部分，常见的数据库对象包括表（Table）、索引（Index）、视图（View）、图表（Diagram）、缺省值（Default）、规则（Rule）、触发器（Trigger）、存储过程（Stored Procedure）和用户（User）。

1. 表

表是数据库中实际存储数据的对象。由于数据库中的其他所有对象都依赖于表，因此可以将表理解为数据库的基本组件。数据库中的表与日常生活中使用的表格类似，它也是由行（Row）和列（Column）组成的，一个数据库可以有多个行和列，每列又称为一个字段，每列的标题称为字段名。一行数据称为一个记录或一条记录，它表达一定意义的信息组合。一个数据库表由一条或多条记录组成，没有记录的表称为空表。每个表中通常都有一个主关键字，用于唯一地确定一条记录。字段是表中的纵向元素，包含同一类型的信息，如会员编号（Userid）、昵称（Username）、真实姓名（Usertruename）和性别（Usersex）等；字段组成记录，记录是表中的横向元素，包含有单个表内所有字段所保存的信息，如会员信息表中的一条记录可能包含一个会员的编号、姓名和性别等。图 2-1 所示的是"电子商务数据库管理系统（E_business_DB）"数据库中"会员信息（userInfo）"数据表的内容。

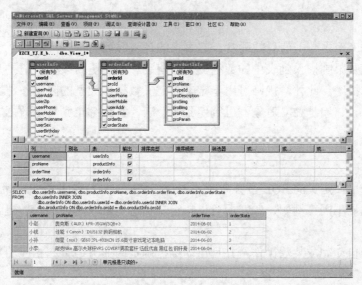

IZCX_YJ.E_b...bo.userInfo									
userId	username	userPwd	userAddr	userZip	userPhone	userMobile	userTruename	userSex	userBirthday
1	小赵	123456	北京海淀区	100000	(010)12345678	13912345678	赵玲	女	1983-05-01
2	小钱	123456	天津和平区	300000	(022)12345678	13812345678	钱薇	女	1984-04-01
3	小孙	123456	成都锦江区	610000	(028)12345678	15612345678	孙卜	男	1985-05-01
4	小李	123456	徐州云龙区	221000	(0516)12345678	18012345678	李聚	男	1986-06-01
*	NULL	NULL	NULL	NULL	NULL	NULL	NULL	NULL	NULL

图 2-1 "会员信息（userInfo）"数据表

2. 索引

索引是根据指定的数据库表列建立起来的顺序。它提供了一种无须扫描整个表就能实现对数据快速访问的途径，并且可监督表的数据，使索引所指向的列中的数据不重复。索引是对数据库表中一列或多列的值进行排序的一种结构，如"会员信息（userInfo）"数据表中的"会员编号（userId）"列。如果要查找某一读者姓名，索引会帮助用户更快地获得所查找的信息。

3. 视图

视图看上去同表似乎一模一样，具有一组命名的字段和数据项，但它其实是一个虚拟的表，也称为虚表，在数据库中并不实际存在，是从一个或多个基本（数据）表中导出的表。视图与表相似，也是由字段与记录组成的。与表不同的是，视图不包含任何数据，它总是基于表，用来提供一种浏览数据的不同方式。视图的特点是，由于其本身并不存储实际数据，因此可以是连接多张数据表的虚表，还可以是使用 WHERE 子句限制返回行的数据查询的结果。并且它是专用的，比数据表更直接面向用户。

因为视图是由查询数据库表产生的，所以它限制了用户能看到和修改的数据。由此可见，视图可以用来控制用户对数据的访问，并能简化数据的显示，即通过视图只显示那些需要的数据信息。

图 2-2 所示的是正在创建的视图，它的结果来自"电子商务数据库管理系统（E_business_DB）"数据库中"会员信息（userInfo）"表、"商品表（productInfo）"表和"订单表（orderInfo）"表。

图 2-2 视图

4. 图表

图表其实就是数据库表之间的关系示意图，又称为数据库关系图，是数据库设计的视觉表示。利用它可以编辑表与表之间的关系，包括各种表、每一张表的列名及表之间的关系，如图 2-3 所示。在一个实体关系（Entity-Relationship，或者 E-R 关系图）中，数据库被分成两部分：实体（如"商品"和"顾客"）和关系（"订单"和"消费"）。

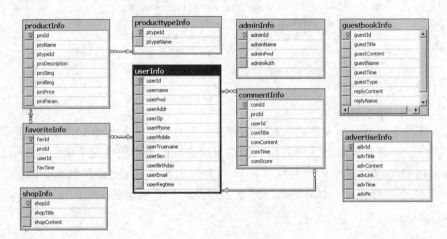

图 2-3　数据库关系图

5. 缺省值

缺省值又称默认值。如果在向表中插入新数据时没有指定列的值，则默认值就是指定这些列中所有的值。默认可以是任何取值为常量的对象。默认值也是 SQL Server 提供确保数据一致性和完整性的方法。

在 SQL Server 2008 中，有两种使用默认值的方法。第一种，在创建表时，指定默认值。如果使用 SQL Server Management Studio，则可以在设计表时指定默认值。如果使用 Transact-SQL 语言，则在 CREATE TABLE 语句中使用 DEFAULT 子句。第二种，使用 CREATE DEFAULT 语句创建默认对象，然后使用存储过程 sp_binddefault 将该默认对象绑定到列上。

6. 规则

规则是对数据库表中数据信息的限制，它限定的是表的列。

规则和约束都是限制插入到表中的数据类型的信息。如果更新或插入记录时违反了规则，则插入或更新操作被拒绝。此外，规则可用于定义自定义数据库类型的限制条件。与约束不同，规则不限于特定的表。它们是独立对象，可绑定到多个表，甚至绑定到特定数据类型（从而间接用于表中）。

7. 触发器

触发器是一个用户定义的 SQL 事务命令的集合，也是一种特殊类型的存储过程，但是，触发器又与存储过程明显不同。例如，触发器可以执行，当对一个表进行插入、更改、删除时，这组命令就会自动执行。

如果希望系统自动完成某些操作，并且自动维护确定的业务逻辑和相应的数据完整，那么可以通过使用触发器来实现。

触发器可以查询其他表，而且可以包含复杂的 Transact-SQL 语句。它们主要用于强制服从复杂的业务规则或要求。例如，用户可以根据商品当前的库存状态，决定是否需要向供应商进货。

8．存储过程

存储过程是为完成特定的功能而汇集在一起的一组 SQL 程序语句，经编译后存储在数据库中的 SQL 程序。存储过程与其他编程语言中的过程类似，原因主要有以下几点。

（1）接收输入参数并以输出参数的格式向调用过程或批处理返回多个值。

（2）包含用于在数据库中执行操作（包括调用其他过程）的编程语句。

（3）向调用过程或批处理的返回状态值，以指明成功或失败，以及失败的原因。

（4）可以使用 EXECUTE 语句来运行存储过程。但是，存储过程与函数不同，因为存储过程不返回取代其名称的值，也不能直接在表达式中使用。

9．用户

用户是指对数据库有存取权限的使用者。角色是指一组数据库用户的集合，和 Windows 中用户组类似。数据库中的用户组可以根据需要添加，用户如果被加入到某一角色，则将具有该角色的所有权限。

用户分为管理员用户和普通用户。前者可对数据库进行修改删除，后者只能进行阅读查看等操作表与记录。

☞小提示

在 SQL Server 2008 中，一个重要的特性是允许用户使用熟悉的 CLR 语言创建存储过程和触发器。

任务 2　认识 SQL Server 数据库构成

▐▐ 任务描述

为了考查小王的专业水平，主考官要求小王描述 SQL Server 数据库的构成。

▐▐ 任务要点

1．了解数据库的构成。

2．知道 SQL Server 数据库中的两类数据库。

▐▐ 任务实现

SQL Server 是一个全面的、集成的、端到端的数据解决方案，它为组织中的用户提供了一个更安全可靠和更高效的平台用于企业数据和 BI 应用。

1．SQL Server 2008 数据平台的布局

SQL Server 2008 为 IT 专家和信息工作者带来了强大的、熟悉的工具，同时降低了在从移动设备到企业数据系统的多平台上创建、部署、管理和使用企业数据和分析应用程序的复杂性。通过全面的功能集、与现有系统的互操作性及对日常任务的自动化管理能力，SQL Server 2008

为不同规模的企业提供了一个完整的数据解决方案。图 2-4 所示的是 SQL Server 2008 数据平台的布局。

SQL Server 数据平台包括以下工具。

1）关系型数据库

一种更加安全可靠、可伸缩更强且具有高可用性的关系型数据库引擎，性能得到了提高且支持结构化和非结构化（XML）数据。

2）复制服务

数据复制可用于数据分发或移动数据处理应用程序、系统高可用性、企业报表解决方案的后备数据可伸缩并发性、与异构系统（包括已有的 Oracle 数据库）的集成等。

3）通知服务

用于开发和部署可伸缩应用程序的先进的通知功能能够向不同的连接和移动设备发布个性化的、及时的信息更新。

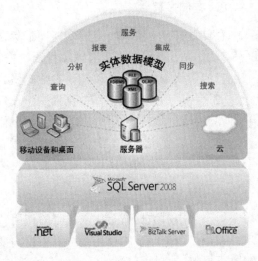

图 2-4　SQL Server 2008 数据平台的布局

4）集成服务

用于数据仓库和企业范围内数据集成的数据提取、转换和加载（ETL）功能。

5）分析服务

联机分析处理（OLAP）功能可用于对使用多维存储的大量和复杂的数据集进行快速高级分析。

6）报表服务

全面的报表解决方案，可创建、管理和发布传统的、可打印的报表和交互的、基于 Web 的报表。

7）管理工具

SQL Server 包含的集成管理工具可用于高级数据库管理和优化，它也与其他工具，如 Microsoft Operations Manager（MOM）和 Microsoft Systems Management Server（MSMS）紧密集成在一起。标准数据访问协议大大减少了 SQL Server 和现有系统间数据集成所花的时间。此外，构建于 SQL Server 内的本机 Web service 支持确保了和其他应用程序及平台的互操作能力。

8）开发工具

SQL Server 为数据库引擎、数据抽取、转换和装载（ETL）、数据挖掘、OLAP 和报表提供了和 Microsoft Visual Studio 相集成的开发工具，以实现端到端的应用程序开发能力。SQL Server 中每个主要的子系统都有自己的对象模型和应用程序接口（API），能够将数据系统扩展到任何独特的商业环境中。

2．SQL Server 数据库构成

在 SQL Server 系统中，用于数据存储的实用工具是数据库。而数据库从大的方面分，包括系统数据库和用户数据库。每个 SQL Server 数据库（无论是系统数据库还是用户数据库）在物理上都由至少一个数据文件和至少一个日志文件组成。出于分配和管理的目的，可以将数据库文件分成不同的文件组。

1）系统数据库

无论 SQL Server 的哪一个版本，都存在一组系统数据库。系统数据库中保存的系统表用于系统的总体控制。系统数据库保存了系统运行及对用户数据的操作等基本信息。这些系统数据分别是 Master、Model、Msdb 和 Tempdb。这些系统数据库的文件存储在 SQL Server 的默认安装目录的 MMSQL 子目录的 Data 文件夹中。

（1）Master 数据库。Master 数据库是 SQL Server 最重要的数据库，它位于 SQL Server 的核心，如果该数据库被损坏，SQL Server 将无法正常工作。Master 数据库中包含了所有的登录名或用户 ID 所属的角色、服务器中的数据库的名称及相关信息、数据库的位置、SQL Server 如何初始化 4 个方面的重要信息。

（2）Model 数据库。创建数据库时，总是以一套预定义的标准为模型。例如，若希望所有的数据库都有确定的初始大小，或者都有特定的信息集，那么可以把这些信息放在 Model 数据库中，以 Model 数据库作为其他数据库的模板数据库；如果想要使所有的数据库都有一个特定的表，可以把该表放在 Model 数据库里。

Model 数据库是 Tempdb 数据库的基础。对 Model 数据库的任何改动都将反映在 Tempdb 数据库中，所以，在决定对 Model 数据库有所改变时，必须要谨慎。

（3）Msdb 数据库。Msdb 给 SQL Server 代理提供必要的信息来运行作业，因而，它是 SQL Server 中另一个十分重要的数据库。

SQL Server 代理是 SQL Server 中的一个 Windows 服务，用以运行任何已创建的计划作业（如包含备份处理的作业）。作业是 SQL Server 中定义的自动运行的一系列操作，它不需要任何手工干预来启动。

（4）Tempdb 数据库。Tempdb 数据库用作系统的临时存储空间，其主要作用是存储用户建立的临时表和临时存储过程，存储用户说明的全局变量值，为数据排序创建临时表，存储用户利用游标说明所筛选出来的数据。

使用数据库的时候要记住一点，SQL Server 2008 的设计是可以在必要时自动扩展数据库的。这意味着 Master、Model、Tempdb、Msdb 和其他关键的数据库将不会在正常的情况下缺少空间的。表 2-1 中列出了这些系统数据库在 SQL Server 2008 系统中的主文件、逻辑名称、物理名称和文件增长比例。

表 2-1 系统数据库

系统数据库	主文件	逻辑名称	物理名称	文件增长比例
Master	主数据	Master	master.mdf	按 10%自动增长，直到磁盘已满
	Log	Mastlog	mastlog.ldf	按 10%自动增长，直到达到最大值 2TB
Msdb	主数据	MSDBData	MSDBData.mdf	按 256KB 自动增长，直到磁盘已满
	Log	MSDBLog	MSDBLog.ldf	按 256KB 自动增长，直到达到最大值 2TB
Model	主数据	Modeldev	model.mdf	按 10%自动增长，直到磁盘已满
	Log	Modellog	modellog.ldf	按 10%自动增长，直到达到最大值 2TB
Tempdb	主数据	Tempdev	tempdb.mdf	按 10%自动增长，直到磁盘已满
	Log	Templog	templog.ldf	按 10%自动增长，直到达到最大值 2TB

2）示例数据库

示例数据库是 Microsoft 提供的用于用户使用的数据库。示例数据库中包含了各种数据库对象，使用户可以自由地对其中的数据或表结构进行查询、修改等操作。

在安装 SQL Server 2008 的过程中，可以在安装组件窗口中选择安装示例数据库，默认的示例数据库有 ReportServer 和 ReportServerTempDB 两个。ReportServer 数据库相对于以前 SQL Server 版本的示例数据库更加强大。虽然对于初学者有一定的难度，但是该数据库具有相当完整的实例，以及更接近实际的数据容量、复杂的结构和部件。ReportServerTempDB 数据库是 Analysis Services（分析服务）的示例数据库。Microsoft 将分析示例数据库与事务示例数据库联系在一起，以提供展示两者协同运行的示例数据库。

☞小提示

① 定期备份 Master 数据库非常重要。确保备份 Master 数据库是备份策略的一部分。

② 因为 Tempdb 的空间是有限的，所以在使用时必须要谨慎，不要让 Tempdb 被来自无用的存储过程（对于创建有太多记录的表没有明确限制）的表中的记录所填满。如果发生了这种情况，不仅当前的处理不能继续，而且整个服务器都可能无法工作，从而将影响到在该服务器上的所有用户。

任务 3　认识数据库文件和文件组

▌ 任务描述

为了考查小王的专业水平，主考官要求小王描述数据库文件的分类及各种文件的作用，并描述文件组的含义。

▌ 任务要点

1. 掌握数据库文件的分类和作用。
2. 了解文件组的意义和使用。

▌ 任务实现

在 SQL Server 2008 系统中，一个数据库至少有一个数据文件和一个事务日志文件。当然，该数据库也可以有多个数据文件和多个事务日志文件。数据文件用于存放数据库的数据和各种对象，事务日志文件用于存放事务日志。

1. 数据库文件分类

在 SQL Server 系统中数据库是以文件的形式存在的。下面分别说明 SQL Server 2008 数据库的三类文件。

1）主数据文件（Primary File）

主数据文件是数据库的起点，指向数据库文件的其他部分，同时也用来存放用户数据，每个数据库都有一个且仅有一个主数据文件，推荐的主数据文件的扩展名为".mdf"。

2）辅助数据文件（Secondary File）

辅助数据文件专门用来存放数据。有些数据库可能没有辅助数据文件，而有些数据库可能有多个辅助数据文件。辅助数据文件的扩展名为".ndf"。使用辅助数据文件可以扩大数据库的存储空间。如果数据库只有主数据文件，那么该数据库的最大容量将受整个磁盘空间的限制；若数据库使用了辅助数据文件，则可以将该文件建立在不同的磁盘上，这样数据库容量则不再受一个磁盘空间的限制。

　　3）事务日志文件（Transaction Log File）

　　事务日志文件可以存放恢复数据库所需要的所有信息。凡是对数据库中的数据进行的修改操作，都会记录在事务日志文件中。当数据库遭到破坏时，可以利用事务日志文件恢复数据库的内容。

　　事务是一个单元的工作，该单元的工作要么全部完成，要么全部不完成。SQL Server 2008 系统具有事务功能，可以保证数据库操作的一致性和完整性。SQL Server 2008 系统使用数据库的事务日志来实现事务的功能。一般情况下，事务日志记录了对数据库的所有修改操作。事务日志记录了每一个事务的开始、对数据的改变和取消修改等信息。随着对数据库的持续不断地操作，日志是连续增加的。对于一些大型操作，如创建索引，日志只是记录该操作的事实，而不是记录所发生的数据。事务日志还记录了数据页的分配和释放，以及每一个事务的提交和回滚等信息。这样就允许 SQL Server 系统恢复和取消事务。当事务没有完成时，则取消该事务。事务日志以操作系统文件的形式存在，在数据库中被称为日志文件。每一个数据库都至少有一个日志文件。日志文件名称的默认后缀是 ".ldf"。

2. 数据库文件组

　　在操作系统中，数据库是作为数据文件和日志文件而存在的，明确地指明了这些文件的位置和名称。但是，在 SQL Server 系统内部，如在 Transact-SQL 语句中，由于物理文件名称比较长，使用起来非常不方便。为此，数据库又有逻辑文件的概念。每一个物理文件都对应一个逻辑文件。在使用 Transact-SQL 语句的过程中，引用逻辑文件非常快捷和方便。

　　文件组就是文件的逻辑集合。文件组可以把一些指定的文件组合在一起，以方便管理和分配数据。数据库有以下两种类型的文件组。

　　（1）主文件组。包含主数据文件和任何没有明确指派给其他文件组的其他文件。系统表的所有页均分配在主文件组中。

　　（2）用户定义的文件组。是在 CREATE DATABASE 或 ALTER DATABASE 语句中，使用 FILEGROUP 关键字指定的文件组。

　　在 SQL Server 2008 系统中，每个数据库只有一个文件组是默认文件组。默认情况下，主文件组同时也是默认文件组。当创建表或索引时，如果没有指定文件组，则将从默认的文件组中为它分配页。因此许多系统不需要指定用户定义的文件组。在这种情况下，所有文件都包含在主文件组中，而且数据库系统可以在数据库内的任何位置分配空间。

☞小提示

　　① 一个文件或文件组只能用于一个数据库，不能用于多个数据库。

　　② 一个文件只能是某一个文件组的成员，不能是多个文件组的成员。

　　③ 数据库的数据信息和日志信息不能放在同一个文件或文件组中，数据文件和日志文件总是分开的。

　　④ 日志文件永远也不能是任何文件组的一部分。

　　⑤ SQL Server 不强制这些主数据文件、辅助数据文件和日志文件类型的文件必须带 mdf、ndf 和 ldf 扩展名，但使用扩展名指出文件类型是个良好的文件命名习惯。

任务4 使用图形化向导创建数据库

▌▌ 任务描述

技术员小李在公司会议上接到经理布置的任务，要为公司的电商管理系统做前期准备，创建一个数据库。

▌▌ 任务要点

掌握使用 SQL Server Management Studio 创建数据库的方法。

▌▌ 任务实现

一个数据库是包含表、视图、存储过程等数据库对象的容器，数据库中的各种数据库对象都保存在数据库的数据文件中。

SQL Server Management Studio 是 SQL Server 2008 系统运行的核心窗口，它提供了用于数据库管理的图形工具和功能丰富的开发环境，方便数据库管理员及用户进行操作。

在 SQL Server 2008 系统中可以使用 SQL Server Management Studio 创建数据库，此方法直观简单，以图形化的方式完成数据库的创建和数据库属性的设置，对初学者来说简单易用。

1．创建数据库应具备的条件

创建数据库的登录账户必须具有 Sysadmin 或 Dbcreator 的服务器角色。

2．在图形界面下创建数据库

在 SQL Server Management Studio 下创建"E_business"数据库。具体操作步骤如下。

（1）执行"开始"→"程序"→"Microsoft SQL Server 2008"→"SQL Server Management Studio"命令，打开 Microsoft SQL Server Management Studio 窗口，并使用 Windows 或 SQL Server 身份验证建立连接，如图 2-5 所示。

图 2-5 连接到服务器界面

（2）在"对象资源管理器"的树形界面中，选中"数据库"项并右击，在弹出的快捷菜单中选择"新建数据库"选项，如图 2-6 所示。

图 2-6 对象资源管理器中创建数据库过程

（3）此时将出现"新建数据库"窗口，如图 2-7 所示。

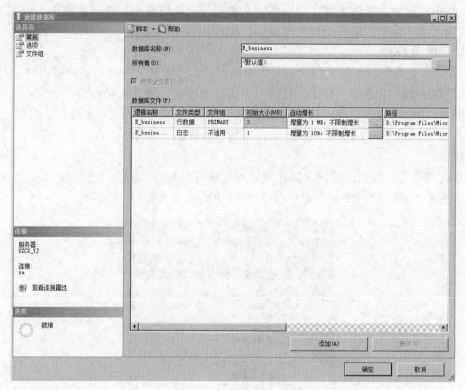

图 2-7 "新建数据库"窗口

（4）"新建数据库"窗口左侧有 3 个标签，在"常规"标签中的"数据库名称"文本框中输入要创建的数据库名"E_business"。数据库文件的空间属性可以通过相应的复选框和按钮设置。这里选择的是系统的默认设置，文件按 1MB 的比例自动增长，并且增长不受限制，如图 2-8 所示。

在"数据库文件"栏可以看到"逻辑名称"、"文件类型"、"文件组"、"初始大小"及"路径"等信息。用户也可以根据自己的需要对逻辑名称、路径和初始大小进行相应修改，并可以添加数据库文件，将数据存放在多个文件中。这些信息的含义如下。

① 逻辑名称：指定该文件的文件名，其中数据文件与 SQL Server 2008 不同，在默认情况下不再为用户输入的文件名添加下画线和 Data 字样，相应的文件扩展名并未改变。

② 文件类型：用于区别当前文件是数据库文件还是日志文件。

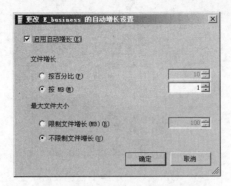

图 2-8　数据库文件增长设置

③ 文件组：显示当前数据库文件所属的文件组。一个数据库文件只能存在于一个文件组里。

④ 初始大小：制定该文件的初始容量，在 SQL Server 2008 中数据文件的默认值为 3MB，日志文件的默认值为 1MB。

⑤ 自动增长：用于设置在文件的容量不够用时，文件根据何种增长方式自动增长。通过单击"自动增长"列中的"省略号"按钮，打开"更改自动增长设置"对话框进行设置。

⑥ 路径：指定存放该文件的目录。在默认情况下，SQL Server 2008 将存放路径设置为 SQL Server 2008 安装目录下的 Data 子目录。单击该列中的按钮可以打开"定位文件夹"对话框更改数据库的存放路径。

（5）单击"确定"按钮，关闭"新建数据库"窗口。此时，在 SQL Server Management Studio 对象资源管理器中可以看到新创建的数据库"E_business"，如图 2-9 所示。

图 2-9　新建的数据库"E_business"

☞小提示

① 在创建数据库时，系统自动将 Model 数据库中的所有用户自定义的对象都复制到新建的数据库中。用户可以在 Model 系统数据库中创建希望自动添加到所有新建数据库中的对象，如表、视图、数据类型、存储过程等。

② 在 SQL Server 2008 中创建新的对象时，它可能不会立即出现在"对象资源管理器"窗口中，可右击对象所在位置的上一层，并在弹出的快捷菜单中执行"刷新"命令，即可强制 SQL Server 2008 重新读取系统表并显示数据中的所有新对象。

任务 5　使用 Transact-SQL 语句创建数据库

▌ 任务描述

为了方便保留创建数据库的文件，技术员小李计划用 Transact-SQL 语句重新完成数据库的创建任务。

▌ 任务要点

1．掌握使用 Transact-SQL 语句创建数据库的操作方法。
2．掌握使用 Transact-SQL 语句创建数据库的语法。

▌ 任务实施

使用 SQL Server Management Studio 创建数据库可以方便应用程序对数据的直接调用。但是，有些情况下，不能使用图形化方式创建数据库。比如，在设计一个应用程序时，开发人员会直接使用 Transact-SQL 在程序代码中创建数据库及其他数据库对象，而不用在制作应用程序安装包时再放置数据库或让用户自行创建。

SQL Server 2008 使用的 Transact-SQL 是标准 SQL 的增强版本，使用它提供的 CREATE DATABASE 语句同样可以完成新建数据库操作。下面同样以创建"E_business"数据库为例介绍如何使用 Transact-SQL 语句创建一个数据库。

使用 CREATE DATABASE 语句创建数据库最简单的方式如下：

```
CREATE DATABASE databaseName
```

按照此方式只需指定 databaseName 参数即可，其表示要创建的数据库的名称，其他与数据库有关的选项都采用系统的默认值。例如，创建"E_business"数据库，则语句为：

```
CREATE DATABASE  BookDateBase
```

1．CREATE DATABASE 语法格式

如果希望在创建数据库时明确的指定数据库的文件和这些文件的大小及增长的方式，首先就需要了解 CREATE DATABASE 语句的语法，其完整的格式如下：

```
CREATE DATABASE database_name
[ON [PRIMARY]
[<filespec> [1, …n]]
[, <filegroup> [1, …n]]
]
[
[LOG ON {<filespec> [1, …n]}]
[COLLATE collation_name]
[FOR {ATTACH [WITH <service_broker_option>]|ATTACH_REBUILD_LOG}]
[WITH <external_access_option>]
]
```

```
[;]
<filespec>::=
{
    [PRIMARY]
    (
    [NAME=logical_file_name, ]
    FILENAME='os_file_name'
    [, SIZE=size[KB|MB|GB|TB]]
    [, MAXSIZE={max_size[KB|MB|GB|TB]|UNLIMITED}]
    [, FILEGROWTH=growth_increment[KB|MB|%]]
    ) [1, …n]
}
<filegroup>::=
{
    FILEGROUP filegroup_name
    <filespec> [1, …n]
}
<external_access_option>::=
{
    DB_CHAINING {ON|OFF}|TRUSTWORTHY{ON|OFF}
}
<service_broke_option>::=
{
    ENABLE_BROKE|NEW_BROKE|ERROR_BROKER_CONVERSATIONS
}
```

2. CREATE DATABASE 语法格式说明

在语法格式中，每一种特定的符号都表示特殊的含义，其中：

"[]"中的内容表示可以省略的选项或参数；"[1，…n]"表示同样的选项可以重复 1 到 n 次。

如果某项的内容太多需要额外的说明，可以用"< >"括起来，如句法中的"<filespec>"和"<filegroup>"，而该项的真正语法在"：：="后面加以定义。

"{}"通常会与符号"|"连用，表示"{}"中的选项或参数必选其中之一，不可省略。

例如，MAXSIZE ={ max_size [KB | MB | GB | TB] | UNLIMITED }表示定义数据库文件的最大容量，或者指定一个具体的容量 max_size [KB | MB | GB | TB]，或者指定容量没有限制 UNLIMITED，但是不能空缺。表 2-2 列出了关于语法中主要参数的说明。

表 2-2　语法参数说明

参数	说明
database_name	数据库名称
Logical_file_name	逻辑文件名称
os_file_name	操作系统下的文件名和路径
size	文件初始容量
max_size	文件最大容量
growth_increment	自动增长值或比例
filegroup_name	文件组名

3. CREATE DATABASE 关键字和参数说明

（1）CREATE DATABASE database_name。用于设置数据库的名称，可达 128 个字符，将 database_name 替换为需要的数据库名称，如"E_business"数据库，数据库名必须具有唯一性，并符合标示命名标准。

（2）NAME=logical_file_name。用来定义数据库的逻辑名称，这个逻辑名称将用来在 Transact-SQL 代码中引用数据库。该名称在数据库中应保持唯一，并符合标识符的命名规则。这个选项在使用了 FOR ATTACH 时不是必需的。

（3）FILENAME=os_file_name。用于定义数据库文件在硬盘上的存放路径与文件名称。这必须是本地目录（不能是网络目录），并且不能是压缩目录。

（4）SIZE=size[KB|MB|GB|TB]。用来定义数据文件的初始大小，可以使用 KB、MB、GB 或 TB 为计量单位。如果没有为主数据文件指定大小，那么 SQL Server 将创建与 Model 系统数据库相同大小的文件。如果没有为辅助数据库文件指定大小，那么 SQL Server 将自动为该文件指定 1MB。

（5）MAXSIZE={max_size[KB|MB|GB|TB]UNLIMITED}。用于设置数据库允许达到的最大容量，可以使用 KB、MB、GB、TB 为计量单位，也可以为 UNLIMTED，或者省略整个子句，使文件可以无限制增长。

（6）FILEGROWTH=growth_increment[KB|MB|%]。用来定义文件增长所采用的递增量或递增方式。可以使用 KB、MB 或百分比（%）为计量单位。如果没有指定这些符号之中的任一符号，则默认 MB 为计量单位。

（7）FILEGROUP filegroup_name。用来为正在创建的文件所基于的文件组指定逻辑名称。

4. 使用 CREATE DATABASE 创建数据库

在掌握了上述内容后，接下来介绍如何使用 CREATE DATABASE 语句创建"E_business"数据库。

（1）打开 Microsoft SQL Server Management Studio 窗口，并连接到服务器。

（2）执行"文件"→"新建"→"数据库引擎查询"命令或单击标准工具栏中的"新建查询"按钮![新建查询(Q)]，创建一个查询输入窗口。

☞小提示

通过执行"文件"→"新建"→"数据库引擎查询"命令，创建查询输入窗口会弹出"连接到数据库引擎"对话框，需要身份验证连接到服务器，而通过单击"新建查询"按钮![新建查询(Q)]不会出现该对话框。

（3）在窗口内使用命令创建数据库，命名为"E_business"，主文件的逻辑名称为"E_bdata"，物理名称为"E_bdata.mdf"（保存在 E 盘中），将初始大小定义为 3MB，最大容量为 6MB，每次增长 1MB；日志文件的逻辑名称为"E_blog"，物理名称为"E_blog.ldf"（保存在 E 盘中），初始大小定义为 1MB，最大容量为 5MB，每次增长 30%。CREATE DATABASE 语句如下：

```
CREATE DATABASE E_business  ON
PRIMARY
 (NAME= E_bdata,
FILENAME='E:\E_bdata.mdf',
SIZE=3mb,
MAXSIZE=6mb,
FILEGROWTH=1mb).
```

```
LOG ON
 (NAME= E_blog,
FILENAME='E:\E_blog.ldf',
SIZE=1mb,
MAXSIZE=5mb,
FILEGROWTH=30%）
```

（4）单击"执行"按钮![执行]执行语句。如果执行成功，在查询窗口内的"查询"窗格中，可以看到一条"命令已成功完成。"的消息。然后在"对象资源管理器"窗格中刷新，展开数据库节点就能看到刚创建的"E_business"数据库，如图 2-10 所示。

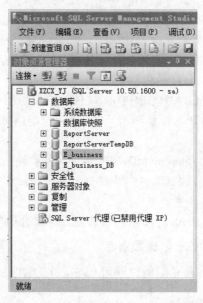

图 2-10　生成数据库后的对象资源管理器

☞小提示

如果感觉以后数据库会不断增长，那么就指定其自动增长方式。反之，最好不要指定其自动增长，以提高数据的使用效率。

任务6　查看数据库信息

任务描述

技术员小李创建好了数据库，邀请覃经理查看数据库是否符合要求。

任务要点

1．使用 SQL Server Management Studio 查看数据库。
2．使用 Transact-SQL 语句查看数据库。

任务实现

Microsoft SQL Server 2008 系统中，查看数据库信息有很多种方法。例如，可以使用目录视图、函数和存储过程等查看有关数据库的基本信息。下面分别介绍这几种查看数据库信息的基本方式。

1. 用 SQL Server Management Studio 查看数据库信息

（1）在对象资源管理器中，选择"数据库"节点，右击要查看信息的数据库名，然后在弹出的菜单中选择"属性"选项，则得到要查看数据库的相关信息。图 2-11 所示的是数据库 E_business 的属性对话框。

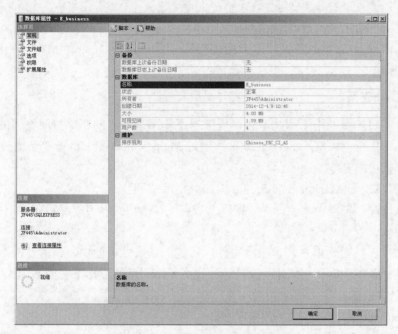

图 2-11　"数据库属性"对话框

（2）在数据库属性对话框中，单击"常规"、"文件"、"文件组"、"选项"、"权限"、"扩展属性"、"镜像"、"事务日志传送"标签，可查看数据库的相应信息和修改相应参数。

2. 使用 Transact-SQL 语句查看数据库信息

在 Transact-SQL 中，存在多种查看数据库信息的语句，最常用的方法是调用系统存储过程 sp_helpdb。其语法格式为：

```
EXECUTE  sp_helpdb  数据库名
```

在调用时如果省略"数据库名称"选项，则可以查看所有数据库的定义信息。

【例 2-1】查看数据库 E_business 的信息和所有数据库的信息

```
EXECUTE  sp_helpdb  E_business
EXECUTE  sp_helpdb
```

任务 7　修改数据库大小

▌ 任务描述

公司业务越来越多，管理需求越来越高，使得数据库越来越大，为了应对以后数据库的变化，经理要求技术员小李提前为数据库扩容。

▌▌ 任务要点

1．使用 SQL Server Management Studio 修改数据库大小。
2．使用 Transact-SQL 语句修改数据库大小。

▌▌ 任务实现

修改数据库的大小，其实就是修改数据文件和日志文件的长度，或者增加或删除文件。修改数据库最常用的两种方法：通过 ALTER DATABASE 语句和图形界面。下面分别介绍这两种修改数据库大小的方法。

1．增加数据库空间

随着数据量和日志量的不断增加，会出现数据库和事务日志的存储空间不够的问题，因而需要增加数据库的可用空间。SQL Server 2008 可通过 Management Studio 或 Transact-SQL 命令两种方式增加数据库的可用空间。

1）使用 SQL Server Management Studio 增加数据库空间

（1）在对象资源管理器中，展开"数据库"节点，右击数据库名，然后在弹出的快捷菜单中，选择"属性"选项。

（2）在数据库属性对话框中，单击"文件"标签，在属性页面中，修改对应数据库的"初始大小"或"自动增长"等选项，如图 2-12 所示。注意，修改后的数据库空间必须大于原来的空间，否则 SQL Server 将报错。

2）使用 Transact-SQL 命令增加数据库空间

在查询设计器中，通过 Transact-SQL 命令增加数据库空间的命令语句格式如下：

```
ALTER DATABASE 数据库名
MODIFY FILE
 （NAME=逻辑文件名,
SIZE=文件大小,
MAXSIZE=增长限制
 ）
```

【例 2-2】将数据库"E_business"的数据文件 Ebdata 的初始空间和最大空间分别由原来的 1MB 和 5MB 修改为 2MB 和 6MB。

在查询设计器中，录入如下代码：

```
ALTER DATABASE E_business
MODIFY FILE
 （NAME=Ebdata,
SIZE=2MB,
MAXSIZE=6MB
 ）
```

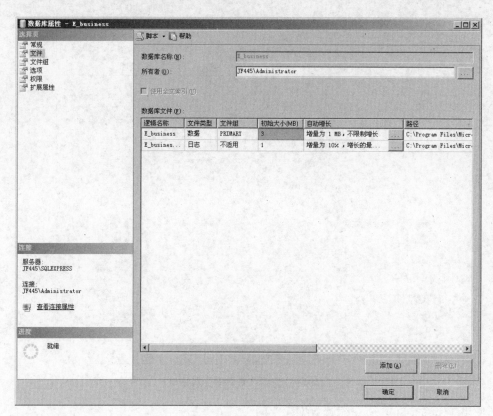

图 2-12　增加数据库空间的设置

2．缩减数据库空间

与增加数据库空间类似，同样有两种方法来缩减数据库空间：一种是缩减数据库文件的大小；另一种是删除未用或清空的数据库文件，使用时要综合运用。

1）使用 SQL Server Management Studio 缩减数据库空间

（1）打开数据库收缩功能，如图 2-13 所示。

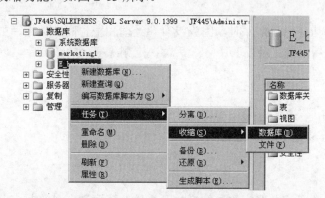

图 2-13　打开数据库收缩功能的操作

（2）在弹出如图 2-14 所示的对话框中选中"在释放未使用的空间前重新组织文件，选中此选项可能会影响性能"复选框，输入收缩比例，单击"确定"按钮，数据库收缩完毕。如果希望指定详细的文件收缩选项，则选择"收缩"→"文件"选项，进入"收缩文件"对话框。

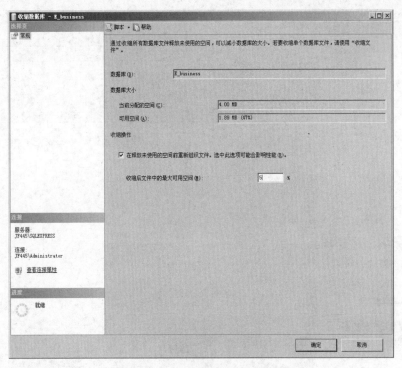

图 2-14 "收缩数据库"对话框

2）使用 Transact-SQL 命令缩减数据库空间

使用 DBCC SHRINKDATABASE 命令缩减数据库空间的格式如下：

```
DBCC SRINKDATBASE（数据库名，新的大小）
```

任务 8 删除数据库

任务描述

技术员小李在当初建立数据库时，因为没有和经理和主管商定数据库的相关要求，所以多建了两个数据库备用，后来确定使用其中之一后，决定删除多余的数据库，以免后期使用混淆。

任务要点

1. 使用 SQL Server Management Studio 删除数据库。

2. 使用 Transact-SQL 语句删除数据库。

任务实现

数据库在使用中，随着数据库数量的增加，系统的资源消耗越来越多，运行速度也会越来越慢。这时，就需要调整数据库，调整方法有很多种。例如，将不再需要的数据库删除，以此释放被占用的磁盘空间和系统消耗。在 SQL Server 2008 中，有两种删除数据库的方法：使用图形界面和 DROP DATABASE 语句。

1. 使用 SQL Server Management Studio 删除数据库

（1）打开对象资源管理器，展开"数据库"节点，右击要删除的数据库，在弹出的快捷菜单中执行"删除"命令。

（2）在弹出的"删除数据库"对话框中，单击"确定"按钮，删除操作完成后会自动返回到 SQL Server Management Studio 窗口。

2. 使用 DROP DATABASE 语句删除数据库

在查询设计器中，输入并执行 DROP DATABASE 语句，删除指定的数据库。语句格式为：

```
DROP DATABASE database_name [,…n]
```

其中，"database_name"表示要删除的数据库名，"[,…n]"表示可以有多个数据库名。例如，要删除数据库"E_business"，可使用如下的 DROP DATABASE 语句：

```
DROP DATABASE E_business
```

☞小提示

① 当数据库处于正在使用、正在被恢复和正在参与复制 3 种状态之一时，不能删除该数据库。

② 使用 DROP DATABASE 删除数据库不会出现确认信息，所以使用这种方法时要小心谨慎。此外，千万不能删除系统数据库，否则会导致 SQL Server 2008 服务器无法使用。

第 3 章   创建数据表

在关系数据中，将概念模型转化为数据模型后，用二维表来存储数据，是数据的主要载体。本章主要介绍数据库表的创建及管理。

▌ 学习目标

1. 掌握数据库和表的创建方法。
2. 掌握创建表的各种约束。
3. 掌握修改表结构的方法。

任务 1   设置列的数据类型及属性

▌ 任务描述

小王要建立的用户信息表 userInfo 中以后要存储用户的姓名、密码、出生日期、联系地址、电子邮件等信息，如何存储这些不一样的信息呢？

▌ 任务要点

不同数据类型的含义。

▌ 任务实现

1. 数据类型概述

由于表中存储的数据类型、特点不一样，需要选择合适的数据类型相对应。在计算机中数据有两种特征：类型和长度。所谓数据类型就是以数据的表现方式和存储方式来划分的数据的种类。SQL Server 2008 为用户提供了一系列系统预定义的数据类型，用户也可根据实际需要创建自定义数据类型。

2. 数据类型分类

1）精确数值类型

（1）Bigint：大整型，占 8 个字节，取值范围为 $-2^{63} \sim 2^{63}-1$。

（2）Int：整型，占 4 个字节，取值范围为 $-2^{15} \sim 2^{15}-1$。

（3）Mallint：短整型，占 2 个字节，取值范围为 $-2^{15} \sim 2^{15}-1$。

（4）Tinyint：微短整型，占 1 个字节，取值范围为 $0 \sim 255$。

（5）Bit：状态类型，占 1 个位，可以取值为 0、1 或 NULL（作判断用）。

（6）Decimal、Numeric：由整数部分和小数部分构成，其格式为：decimal（p，[s]）或 numeric（p，[s]），其中 "p" 为有效位数，"s" 为小数位数，s 默认值为 0。例如，decimal（3，2），2.78。

两者的区别是 decimal 不能用于带有 identity 关键字的列。

2）近似数值类型

（1）Real：占 4 个字节，取值范围为-3.40^{38}～3.40^{38}。

（2）Float：占 8 个字节，取值范围为-1.79^{308}～1.79^{308}。

3）货币类型

（1）Money：占 8 个字节，表示的数据范围为-2^{63}～2^{63}-1。

（2）Smallmoney：占 4 个字节，表示的数据范围为-2^{31}～2^{31}-1。

4）字符类型

（1）Varchar（n）：可变长度的字符数据，存放可变长度的 n 个字符数据，若长度不够，则按实际输入长度存储。

（2）Char（n）：固定长度的字符数据，存放可变长度的 n 个字符数据。

5）文本类型

（1）Text：用来存储 ASCII 编码字符数据，最多可存储 2^{31}-1（约 20 亿）个字符。

（2）Ntext：用来存储 Unicode 编码字符型数据，最多可存储 2^{30}-1（约 10 亿）个字符，其存储长度为实际字符个数的两倍，因此 Unicode 字符用双字节表示。

6）日期和时间类型

（1）Datetime：占 8 个字节，范围是从 1753 年 1 月 1 日到 9999 年 12 月 31 日。

（2）Smaldatetime：占 4 个字节，范围是从 1900 年 1 月 1 日到 2079 年 12 月 31 日。

3．列的其他属性

1）常规

展开此项可显示"名称"、"允许空值"、"数据类型"、"默认值或绑定"、"长度"、"精度"和"小数位数"等。

（1）允许 Null 值。指示此列是否允许空值。若要编辑此属性，在表设计器的顶部窗格中选中与列对应的"允许空值"复选框。

（2）数据类型。显示所选列的数据类型。若要编辑此属性，单击该属性的值，展开下拉列表，然后选择其他值。

（3）默认值或绑定。当没有为此列指定值时显示此列的默认值。

（4）长度。显示基于字符的数据类型所允许的字符数。此属性仅可用于基于字符的数据类型。

（5）小数位数。显示此列中的值的小数点右侧可以允许的最大位数。对于非数值数据类型，此属性显示 0。

（6）精度。显示此列中的值的最大位数。对于非数值数据类型，此属性显示 0。

除了以上常规属性外，列还有一些其他的属性。打开表设计器，列属性窗口如图 3-1 所示。

2）标识规范

（1）是标识：指示此列是否为标识列。

（2）标识种子：显示在此标识列的创建过程中指定的种子值。此值将赋给表中的第一行。

（3）标识增量：显示在此标识列的创建过程中指定的增量值。

（4）是可索引的：显示是否可以对所选列进行索引。

3）计算所得的列规范

（1）公式：显示计算所得的列的公式。若要编辑此属性，直接输入新公式。

（2）是持久的：指示是否存储公式的计算结果。如果此属性设置为"否"，则只存储公式，每次引用此列时都会计算公式的值。

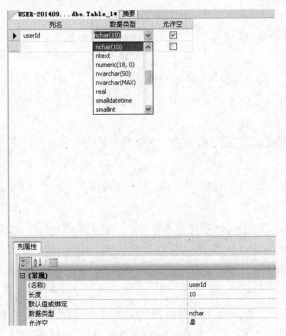

图 3-1　表的列属性窗口

任务 2　数据完整性

任务描述

小王完成数据库相关表建立后，开始思考：如何保证表中数据的正确，以防后期用户操作不当对数据造成影响；如何保证表中记录满足 E_business 数据库相关规则要求。

任务要点

1. 数据完整性的含义。
2. 数据完整性的实现方法。

任务实现

1. 数据完整性含义

所谓数据完整性是指数据库中数据取值的合理性和正确性。SQL Server 2008 中的数据完整性可以分为实体完整性、域完整性和参照完整性和用户自定义完整性。

实体完整性要求每一个表中的主键字段都不能为空或重复的值。域完整性是针对某一具体关系数据库的约束条件，域完整性限制了某些属性中出现的值，把属性限制在一个有限的集合中，它保证表中某些列不能输入无效的值。参照完整性要求关系中不允许引用不存在的实体，当更新、删除、插入一个表中的数据时，通过参照引用相互关联的另一个表中的数据，来检查对表的数据操作是否正确。

2．实现实体完整性的手段

约束是实现数据完整性的有效手段，约束包括主键（PRIMARY KEY）约束、唯一键（UNIQUE）约束、检查（CHECK）约束、默认值（DEFAULT）约束、外键约束和级联参照完整性约束。

3．实体完整性的实现方法

实体完整性主要通过对表设置主键约束、唯一键约束来实现。

1）主键约束

向表中添加主键约束时，SQL Server 2008 将检查现有记录的列值，以确保现有数据符合主键的规则，所以在添加主键之前要保证主键列没有空值和重复值。

主键约束一般设计表时通过对列设置主键来实现，此处不再赘述。使用 SQL 语句建立主键的格式如下：

```
Alter Table 表名
Add Constraint 约束名 Primary Key（列名）
```

【例 3-1】设置表 UserInfo 的 UserId 列为主键约束。

```
Alter Table UserInfo
Add Constraint IX_ UserInfo Primary Key（UserId）
```

2）唯一键约束

和添加主键一样，向表中添加唯一键约束时，SQL Server 2008 也将检查现有记录的列值，以确保现有数据符合唯一键的规则，所以在添加唯一键之前要保证唯一键列没有重复值，但可以有空值。

（1）使用 SQL Server Management Studio 设置唯一键。

① 进入表设计器后在表定义的网格中右击，在弹出的快捷菜单中选择"索引/键"选项，弹出属性窗口，在该窗口中可以将 userInfo 表的"userMobile"设置为唯一键，如图 3-2 所示。

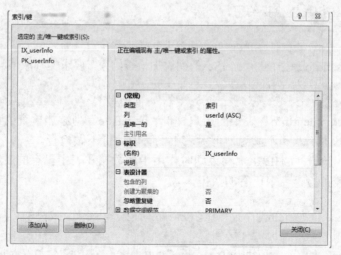

图 3-2 设置唯一键

② 在"列"中选择需要设置唯一键的列，在"是唯一的"选项中选择"是"。使用 SQL 语句建立主键的格式如下：

```
Alter Table 表名
Add Constraint 约束名 UNIQUE（列名）
```

【例 3-2】将会员信息表的用户移动电话"userMobile"列设置为唯一键约束。

```
Alter table userInfo
```

```
Add Constraint IX_userMobile UNIQUE (userMobile)
```

3）检查约束

检查约束通过限制可输入或修改的一列或多列的值来强制实现域完整性，它作用于插入（INSERT）和修改（UPDATE）语句。

（1）使用 SQL Server Management Studio 设置检查约束。

① 进入表设计器后在表定义的网格中右击，在弹出的快捷菜单中选择"CHECK 约束"选项，弹出的属性窗口。

② 在属性窗口中选择"表达式"列，在该窗口中可以根据具体情况设置列的约束规则，例如：将 userInfo 表的 userPhone（固定电话）的长度规定为 8 位，如图 3-3 所示。

图 3-3　建立检查约束

（2）使用 SQL 语句设置检查约束。

```
Alter Table 表名
Add Constraint 约束名 CHECK （检查表达式）
```

【例 3-3】将"userInfo"表中的"userSex"列添加检查约束，要求性别取值只能为"男"或"女"。

```
Alter Table userInfo
Add Constraint CK_userInfo CHECK （userSex='男' or userSex='女'）
```

【例 3-4】将"commentInfo"表中的用户评价"comTitle"列添加检查约束，要求用户评价的选择范围为满意、基本满意和不满意，但对表中已有的评价不做检查。

在默认情况下，检查（CHECK）约束同时作用于新数据和表中已有的数据，可以通过关键字 WITH NOCHECK 禁止检查表中已有的数据。

```
Alter Table commentInfo
With Nocheck Add Constraint CK_ commentInfo CHECK （comTitle ='满意' or comTitle
='基本满意' or comTitle ='不满意'）
```

约束建立完毕后，向"commentInfo"表的"comTitle"列中输入无效评价，如"尚可"，会引起约束的冲突。

4）默认值约束

默认值约束的作用是当向表中添加数据时，如果某列没有指定具体的数值而是指定了关键字 DEFAULT，则该列值将自动添加为默认值。

（1）使用 SQL Server Management Studio 设置默认值。

进入表设计器窗口，将光标停留在要设置默认值的列，在列属性的"默认值或绑定"栏中输入对应默认值即可。如在订单信息表"orderInfo"中将订购时间列"orderTime"设置为系统当前日期时间，如图 3-4 所示。

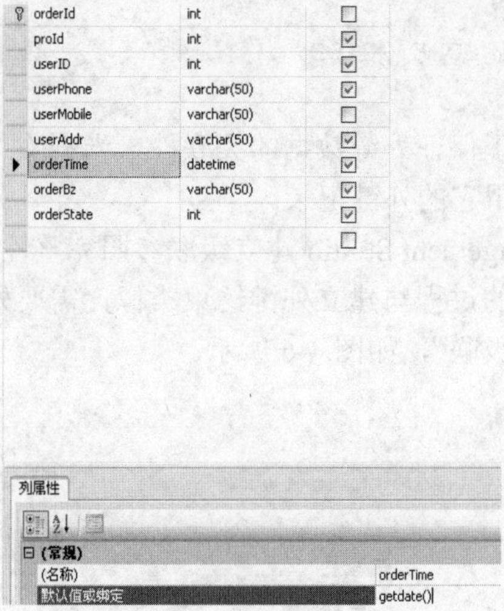

图 3-4　建立默认值约束

（2）使用 SQL 语句设置默认值约束。

```
Alter Table 表名
Add Constraint 约束名 DEFAULT  '默认值'FOR  列名
```

【例 3-5】在会员信息表"userInfo"中将用户地址"userAddr"列的默认值设置为"深圳市"。

```
Alter Table userInfo
Add  Constraint DF_userInfo_ userAddr  DEFAULT  '深圳市' For userAddr
```

5）外键约束

外键（FOREIGN KEY）约束是为了强制实现表之间的参照完整性。定义了一个关系数据库中，不同的表中列之间的关系（父键与外键）。要求一个表中（子表）的一列或一组列的值必须与另一个表（父表）中的相关一列或一组列的值相匹配。外键约束不允许为空值，但是，如果组合外键的某列含有空值，则将跳过该外键约束的检验。

（1）使用 SQL Server Management Studio 建立外键约束。

如为订购信息表 orderInfo 和产品信息表 productInfo 建立外键约束，这里 orderInfo 表是外键表，进入表设计器后在表定义的网格中右击，在弹出的快捷菜单中选择"关系"选项，会弹出建立关系的属性窗口，单击"表和列规范"按钮，然后进行设置，如图 3-5 所示。

图 3-5　建立外键约束

（2）使用 SQL 语句设置外键约束。

```
Alter Table 表名
Add Constraint 关系名 FOREIGN KEY （外键列）
```

6）级联参照完整性约束

级联参照完整性约束是为了保证外键数据的关联性。当删除外键引用的键记录时，为了防止孤立外键的产生，同时删除引用它的外键记录。

（1）使用 SQL Server Management Studio 建立级联参照完整性约束。

建立级联参照完整性约束的过程与建立外键约束类似，需要外键约束设置的窗口中选择"更新规则"或"删除规则"为"级联"，如图 3-6 所示。

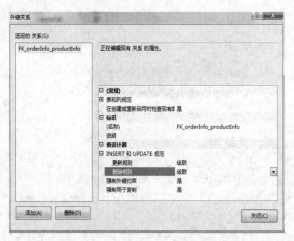

图 3-6　设置"更新规则"和"删除规则"

（2）使用 SQL 语句设置级联参照完整性约束。

```
Alter Table 表名
Add Constraint 关系名 FOREIGN KEY （外键列） REFERENCES 引用表名（引用列） ON
DELETE|UPDATE CASCADE
```

其中，**ON DELETE CASCADE** 和 **ON UPDATE CASCADE** 分别表示带更新级联的外键约束和带删除级联的外键约束。

【**例 3-6**】设置会员信息表"usrInfo"和订单信息表"orderInfo"之间的关系，实现当父表（usrInfo）中的列"userId"更新时，子表（orderInfo）中的列"userId"能一起更新。

```
Alter table orderInfo
Add constraint FK_会员信息_订单信息 FOREIGN KEY（userId）REFERENCES
userInfo（userId） ON UPDATE CASCADE
```

第 4 章　Transact-SQL 编程

SQL Server 2008 中的编程语言是 Transact-SQL，它是一种数据定义、操作和控制语言。是应用程序与 SQL Server 交互的工具。使用数据库的客户或应用程序通过 Transact-SQL 来操作数据库。

学习目标

1．了解 Transact-SQL 语言的特点。
2．理解 SQL Server 2008 中函数的作用。
3．掌握流程控制语句。
4．掌握游标的使用方法。

任务 1　Transact-SQL 概述

任务描述

小王在学习程序开发，他想了解客户如何在程序中操作控制数据库，这就涉及 Transact-SQL 编程语言。

任务要点

了解 Transact-SQL 语言的特点。

任务实现

1．Transact-SQL 语言介绍

1）Transact-SQL 语言与 SQL 语言

（1）Transact-SQL 语言概念

Transact-SQL 语言是微软公司在关系型数据库管理系统 Microsoft SQL Server 中的 ISO SQL 的实现。结构化查询语言（Structure Query Language，SQL）语言是国际标准化组织（International Standardize Organization，ISO）采纳的标准数据库语言。通过使用 Transact-SQL 语言，用户几乎可以完成 Microsoft SQL Server 数据库中的所有操作。

（2）Transact-SQL 语言的特点

Transact-SQL 语言是一种交互式查询语言，具有功能强大、简单易学的特点。该语言既允许用户直接查询存储在数据库中的数据，也可以把语句嵌入到某种高级程序设计语言中使用，如可以嵌入到 Microsoft Visual C#.NET、Java 语言中。与任何其他程序设计语言一样，Transact-SQL 语言有自己的数据类型、表达式、关键字等。当然，Transact-SQL 语言与其他语言相比要简单得多。

Transact-SQL 语言有 4 个特点：一是一体化的特点，融数据定义语言、数据操纵语言、数据控制语言、事务管理语言和附加语言元素为一体；二是有两种使用方式，即交互使用方式和嵌入

到高级语言中的使用方式；三是非过程化语言，只需要提出"干什么"，不需要指出"如何干"，语句的操作过程由系统自动完成；四是类似于人的思维习惯，容易理解和掌握。

（3）Transact-SQL 语言与 SQL 语言的关系

Transact-SQL 语言是 SQL 语言的一种实现形式，它包含了标准的 SQL 语言部分。由于标准 SQL 语言形式简单，不能满足实际编程的要求，在几乎所有的商业数据库系统中，都有自己的功能增强的程序化的 SQL 语言，在 SQL Server 中就是 Transact-SQL，简称 T-SQL。

从 SQL 语言的历史来看，Transact-SQL 语言与 SQL 语言并不完全等同。不同的数据库供应商一方面采纳了 SQL 语言作为自己数据库的操作语言，另一方面又对 SQL 语言进行了不同程度的扩展。这种扩展的主要原因是不同的数据库供应商为了达到特殊目的和实现新的功能，不得不对标准的 SQL 语言进行扩展，而这些扩展往往又是 SQL 标准的下一个版本的主要实践来源，是微软公司在 Microsoft SQL Server 系统中使用的语言，是对 SQL 语言的一种扩展形式。

2. Transact-SQL 语言的类型

Transact-SQL 语言分为 3 种类型：数据定义语言、数据操作语言和数据控制语言。

1）数据定义语言（DDL）

数据定义语言是 T-SQL 中最基本的语言类型，用于创建数据库和各种数据库对象，如表、视图、存储过程等。创建数据库对象后，才能为其他语言的操作提供所要使用的对象。

在数据定义语言中，主要的 T-SQL 语言包括 CREATE 语句、ALTER 语句和 DROP 语句。

（1）CREATE 语句用于创建数据库及各种数据库对象；

（2）ALTER 语句用来修改数据库及其他数据库对象；

（3）DROP 语句用来删除数据库及数据库对象。

2）数据操纵语言（DML）

数据操作语言是用来操纵数据库中的数据语句，可以实现在表中查询、插入、更新、删除数据等操作。

数据操纵语言主要包括的语句有 SELECT 语句、INSERT 语句、UPDATE 语句、DELETE 语句和 CURSOR 语句等。

3）数据控制语言（DCL）

数据控制语言是用来确保数据库安全的一系列语句，用于控制数据库组件的存取许可、存取权限等以解决涉及权限管理的问题。

数据控制语言主要包括 GRANT 语句、REVOKE 语句、DENY 语句等。

（1）GRANT 语句可以将制定的安全对象的权限授予相应的主体；

（2）REVOKE 语句则删除授予的权限；

（3）DENY 语句拒绝授予主体权限，并且防止主体通过组或角色成员继承权限。

4）其他类型的 T-SQL 语言类型

除了上面 T-SQL 语言的 3 种基本类型外，还有 3 种常用的类型：事务管理语言、流程控制语言和附加的语言元素。

（1）事务管理语言。事务是指可以实现操作的同时完成或同时取消的操作。在事务中的操作要么全部完成，要么全部失败。而用于事务管理的语句就是事务管理语言。

在事务管理语言中有 COMMIT 语句和 ROLLBACK 语句等，COMMIT 语句用于提交事务；ROLLBACK 语句用于回滚操作，即撤销执行操作。

（2）流程控制语言是用于设计应用程序的语句，如 IF 语句、WHILE 语句、CASE 语句等。

（3）附加的语言元素。Transact-SQL 附加语言元素不是 SQL 的标准内容，而是 Transact-SQL 语言为了编程方便而增加的语言元素。这些语言元素包括变量、运算符、函数、流程控制语句和注释等内容。

任务 2　编程基础

任务描述

小王在了解了 Transact-SQL 编程语言概念后，想开始编写程序控制数据操作，这就需要从编程基础学起。

任务要点

1．理解 Transact-SQL 中常量和变量的概念。
2．掌握常量和变量的用法。

任务实现

1．常量

常量也称为文字值或标量值，是指程序运行中值不变的量，用于表示特点数据值的符号，根据代表的数据类型不同，值也就不同。

常量包括：字符串常量、二进制常量、十进制整型常量、十六进制整型常量、日期常量、实型常量、货币常量。

（1）字符串常量：包括在单引号或双引号中，由字母数（a-z、A-Z）、数字字符（0-9）及特殊字符如!、@和#组成。

（2）二进制常量：只有 0 或 1 构成的串，并且不使用引号。如果使用一个大于 1 的数字，它将被转换为 1。

（3）十进制整型常量：使用不带小数点的十进制数据表示。

（4）十六进制整型常量：使用前缀为 "0X" 后跟十六进制数字串表示。

（5）日期常量：使用单引号将日期时间字符串括起来。

（6）实型常量：有定点表示和浮点表示两种方式。

（7）货币常量：以前缀为可选的小数点和可选的货币符号的数字字符串来表示。

2．变量

变量就是在脚本中没有固定值的元素对象。

在 Microsoft SQL Server 2008 系统中，存在两种类型的变量：第一种是系统定义和维护的全局变量；第二种是用户定义用来保存中间结果的局部变量。

1）系统全局变量

系统全局变量是 SQL Server 系统提供并赋值的变量。用户不能建立全局变量，也不能用 SET 语句来修改全局变量的值。

全局变量以两个 "@" 符号开头。通常将全局变量的值赋予局部变量，以便保存和处理。

例如：

```
SELECT  @@VERSION  AS [当前SQL Server版本]
```

2）局部变量

局部变量是作用域局限在一定范围内的 Transact-SQL 对象。

在 SQL Server 中，局部变量是用户自定义的，可以保存单个特定类型的数据值对象。

要创建局部变量，可使用 DECLARE 语句，其语法如下：

```
DECLARE
{@local_variable data_type|
@cursor_ variable  CURSOR
}[, …n]
```

主要参数的说明如下：

（1）@local_variable 是变量的名称，它必须以"@"开头。

（2）data_type 是任何由系统提供的或用户定义的数据类型，变量不能是 text、ntext 或 image 数据类型。

（3）n 表示可以指定多个变量并对变量赋值的占位符，当声明表变量时，表变量必须是 DECLARE 语句中正在声明的变量。

声明局部变量后要给局部变量赋值，可以使用 SET 或 SELECT 语句，其语法如下：

```
SET  @local_variable=expression
SELECT  @ local_variable=expression[, …n]
```

其中，@ local_variable 是除 cursor、text、ntext、image 外的任何类型变量名；expression 是任何有效的 SQL Server 表达式。

3）操作实例

【例 4-1】将局部变量 hello 声明为 char 类型，长度为 20，并为其赋值为"hello，world!"，其 SQL 语句如下：

```
DECLARE  @ hello  char（20）
SET @hello='hello，world!'
```

任务 3　运算符

▍▍任务描述

在理解了常量和变量以后，小王开始思考在编程过程中遇到的表达式应该怎样用运算符来连接。

▍▍任务要点

1．掌握运算符的使用方法。

2．了解运算符的优先级。

▍▍任务实现

运算符实现运算功能，用来指定一个或多个表达式中执行操作的符号，以产生新的结果。在 SQL Server 2008 中，运算符可以分为以下几种。

1．算术运算符

算术运算符用于对两个数或表达式进行加、减、乘、除及取模运算，如表 4-1 所示。

表 4-1 算术运算符

运算符	说明
+	加法运算
−	减法运算
*	乘法运算
/	除法运算，如果两个表达式值都是整数，那么结果只取整数值，小数值将略去
%	取模运算，返回两数相除后的余数

【例 4-2】使用各类算术运算符。

```
SELECT  3.3+2  '加'
SELECT  5.6-2   '减'
SELECT  2*5   '整数乘'
SELECT  2.0*5.0  '浮点型乘'
SELECT  10/15  '整数除'
SELECT  10.0/15.0  '浮点型除'
SELECT  90%16  '取模'
```

执行该语句，运行结果如图 4-1 所示。

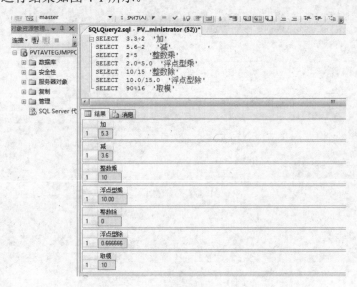

图 4-1 算术运算符执行结果

2. 赋值运算符

在 T-SQL 语言中，赋值运算符只有 "=" 一个。

赋值运算符有两个主要的用途：第一个是给变量赋值，其语句如下：

```
DECLARE @URL  varchar (20)
SET @URL='http://www.baidu.com'
```

第二个是在 WHERE 子句中提供查询条件，其语句如下：

```
SELECT  * FROM 学生信息
WHERE 籍贯='上海'
```

3. 位运算符

位运算符在两个表达式之间执行位操作，这两个表达式可以是任意两个整数数据类型的表达式，如表 4-2 所示。

表 4-2　位运算符

运算符	描述
&	位与逻辑运算，从两个表达式中取对应的位。当且仅当输入表达式中两个位的值都为 1 时，结果中的位才被设置为 1，否则，结果中的位被设置为 0
I	位或逻辑运算，从两个表达式中取对应的位。输入表达式中两个位只要有一个的值为 1 时，结果的位就被设置为 1，只有当两个位的值都为 0 时，结果中的位才被设置为 0
^	位异或运算，从两个表达式中取对应的位。如果输入表达式中两个位只有一个的值为 1 时，结果中的位就被设置为 1；只有当两个位的值为 0 或 1 时，结果中的位才都被设置为 0

【例 4-3】使用位运算符计算 2 与 51 的"位与"、"位或"、"位异或"的运算结果。

```
SELECT  2 & 51    '位与'
SELECT  2 I 51    '位或'
SELECT  2 ^ 51    '位异或'
```

执行该语句，运行结果如图 4-2 所示。

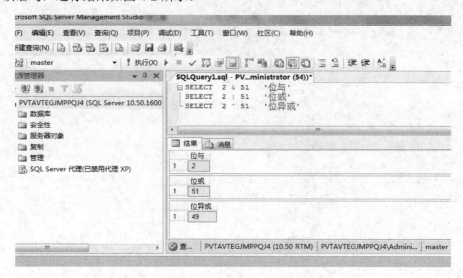

图 4-2　位运算符执行结果

4．比较运算符

比较运算符用来测试两个表达式是否相同。除了 text、ntext 或 image 数据类型的表达式外，比较运算符可以用于所有的表达式，如表 4-3 所示。

表 4-3　比较运算符

运算符	描述	运算符	描述
=	等于	<>	不等于
>	大于	!=	不等于
<	小于	!<	不小于
>=	大于或等于	!>	不大于
<=	小于或等于		

5. 逻辑运算符

逻辑运算符用于对表达式或操作数进行比较或测试，其运算结果返回的是布尔类型的值，即 true 或 false。true 表示条件成立，false 表示条件不成立，如表 4-4 所示。

表 4-4 逻辑运算符

运算符	描述
ALL	如果一组的比较都为 true，则比较结果为 true
AND	如果两个布尔表达式都为 true，则结果为 true；如果其中一个表达式为 false，则结果为 false
ANY	如果一组的比较中任何一个为 true，则结果为 true
BETWEEN	如果操作数在某个范围之内，那么结果为 true
EXISTS	如果子查询中包含了一些行，那么结果为 true
IN	如果操作数等于表达式列表中的一个，那么结果为 true
LIKE	如果操作数与某种模式相匹配，那么结果为 true
NOT	对任何其他布尔运算符的结果值取反
OR	如果两个布尔表达式中的任何一个为 true，那么结果为 true
SOME	如果在一组比较中，有些比较为 true，那么结果为 true

【例 4-4】查询表 userinfo，使用逻辑运算符找到成都锦江区用户或女性用户。

```
USE E_business_DB
SELECT *
FROM userInfo
WHERE userAddr LIKE '成都锦江区' OR userSex LIKE '女'
```

执行该语句，运行结果如图 4-3 所示。

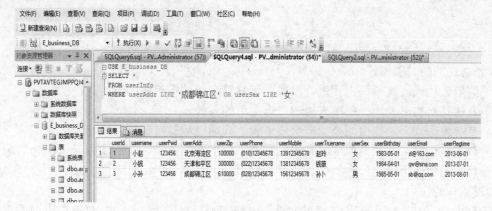

图 4-3 逻辑运算符执行结果

6. 字符串运算符

将两个或多个字符及二进制字符串、列或字符串和列名的组合串成一个字符串表达式。加号（+）是字符串连接运算符，可以用它将字符串串联起来。其他所有字符串操作都使用字符串函数 SUBSTRING 进行处理。

7. 运算符的优先级

当一个复杂的表达式有多个运算符时，运算符优先级决定执行运算的先后次序，如表 4-5 所示。

表 4-5　运算符优先级

优先级	运算符
1	~（位非）
2	*（乘）、/（除）、%（取模）
3	+（正）、-（负）、+（加）、+（连接）、-（减）、&（位与）
4	=、>、<、>=、<=、<>、!=、!>、!<（比较运算符）
5	^（位异或）、I（位或）
6	NOT
7	AND
8	ALL、ANY、BETWEEN、IN、LIKE、OR、SOME
9	=（赋值）

任务4　表达式与注释

▌▌任务描述

为了在编程中使程序清晰且可读性强，小王准备学习 Transact-SQL 中怎样对语句注释。

▌▌任务要点

1．掌握表达式的作用。
2．掌握注释的使用方法。

▌▌任务实现

1．表达式

表达式是符号与运算符的组合，由变量、常量、运算符、函数组成。

1）表达式的两种类型

（1）简单表达式。是指仅由变量、常量、运算符、函数等组成的表达式。

简单表达式结构单一，一般用来描述一个简单的条件。

（2）复杂表达式。是指由两个或多个简单表达式通过运算符连接起来的表达式。

在复杂表达式中，如果两个或多个表达式有不同的数据类型，表达式中元素组合的顺序由表达式中运算符的优先级决定。

2）表达式的作用

在 T-SQL 语句中，使用表达式可以为查询操作带来很大的灵活性。它可以在查询语句中的任何位置使用，如检索数据的筛选条件、指定数据的值。

2．注释

1）注释的概念

注释是程序代码中不被执行的文本字符串，用于对代码进行说明或暂时用来进行诊断的部分语句。

2）SQL Server 2008 支持的两种注释方式

（1）双连字符（--）注释方式。双连字符（--）注释方式中，从双连字符开始到行尾的内容都是注释内容。

双连字符（--）注释方式主要用于在一行中对代码进行解释和描述；它也可以进行多行注释，但是每一行都必须以双连字符开始。

（2）正斜杠星号字符（/*…*/）注释方式。正斜杠星号字符（/*…*/）注释方式中，开始注释（/*）和结束注释（*/）之间的所有内容均视为注释。它可以用于多行注释，也可以与执行的代码处在同一行，甚至还可以处在可执行代码的内部。

3）两种注释方法的用法

下面详细说明了双连字符（--）注释方式和正斜杠星号字符（/*…*/）注释方式的用法。

【例 4-5】 在批处理语句中使用注释功能。

```
USE E_business_DB
GO
--查看用户信息
SELECT * FROM userInfo
/*
按用户性别查询
查询性别为'女'的用户信息
*/
SELECT * FROM userInfo  where userSex='女'
```

执行语句结果如图 4-4 所示。

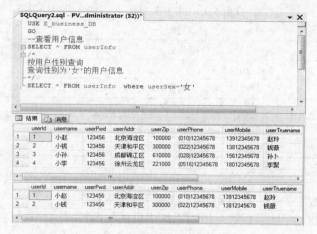

图 4-4　使用注释语句

任务 5　函数

▊ 任务描述

为了在编写程序的过程中实现更多的功能，更便捷的信息获取方式，小王下一步打算学习函数的用法。

▊ 任务要点

1. 理解各类函数的作用。
2. 掌握聚合函数、数学函数、字符串函数的使用方法。

▊ 任务实现

SQL Server 2008 为 Transact-SQL 语言提供了大量功能强大的系统函数。主要用来获得有关信息，进行算术计算、统计分析、实现数据类型转换等操作。函数分为系统内置函数和用户自定义函数。

1. 聚合函数

聚合函数常用于 GROUP BY 子句，用于聚合分组的数据。

所有聚合函数均为确定性函数，也就是说只要使用一组特定输入值调用聚合函数，该函数总是返回同类型的值，如表 4-6 所示。

表 4-6　聚合函数

函数名称	含义
AVG	返回组中各值的平均值，如果为空将被忽略
CHECKSUM	用于生成哈希索引，返回按照表的某一行或一组表达式计算出来的校验和值
CHECKSUM_AGG	返回组中各值的校验和，如果为空将被忽略
COUNT	返回组中项值的数量，如果为空也将计数
COUNT_BIG	返回组中项值的数量。与 COUNT 函数唯一的差别是它们的返回值：COUNT_BIG 始终返回 bigint 数据类型值，COUNT 始终返回 int 数据类型值
GROUPING	当行由 CUBE 或 ROLLUP 运算符添加时，该函数将导致附加列的输出值为 1；当行不由 CUBE 或 ROLLUP 运算符添加时，将导致附加列的输出值为 0
MAX	返回组中值列表的最大值
MIN	返回组中值列表的最小值
SUM	返回组中各值的总和
STDEV	返回指定表达式中所有值的标准偏差
STDEVP	返回指定表达式中所有值的总体标准偏差
VAR	返回指定表达式中所有值的方差
VARP	返回指定表达式中所有值的总体方差

2. 数学函数

数学函数用于对数字表达式进行数学运算并返回运算结果。

在 SQLServer 2008 中，数学函数可以对系统提供的数字数据进行运算：decimal、integer、float、real、money、smallmoney、smallint 和 tinyint，如表 4-7 所示。

表 4-7　数学函数

函数名称	含义
ABS	返回数值表达式的绝对值
EXP	返回指定表达式以 e 为底的指数
CEILING	返回大于或等于数值表达式的最小整数
FLOOR	返回小于或等于数值表达式的最大整数
LN	返回数值表达式的自然对数
LOG	返回数值表达式以 10 为底的对数
POWER	返回对数值表达式进行幂运算的结果
ROUND	返回四舍五入到指定长度或精度的数值表达式
SIGN	返回数值表达式的正号（+）、负号（-）或零（0）
SQUARE	返回数值表达式的平方
SQRT	返回数值表达式的平方根

【例 4-6】在查询语句中使用数学函数。

```
SELECT
ABS （-12345）绝对值,
SQRT （64）求平方根,
SQUARE （8）求平方,
ROUND （12345.34567，2）精确小数点后位,
ROUND （12345.34567，-2）精确小数点前位
GO
```

执行结果如图 4-5 所示。

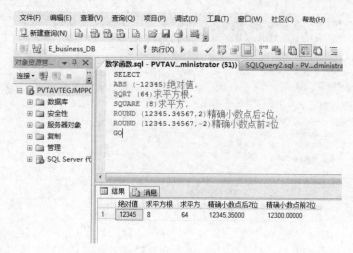

图 4-5　数学函数的执行结果

3. 字符串函数

字符串函数用于计算、格式化和处理字符串参数，或者将对象转换为字符串。

SQL Server 2008 为了方便用户进行字符型数据的各种操作和运算提供了功能全面的字符串函数，如表 4-8 所示。

表 4-8　字符串函数

函数名称	含义
ASCII	ASCII 函数，返回字符表达式中最左侧的字符的 ASCII 代码值
CHAR	ASCII 代码转换函数，返回指定 ASCII 代码的字符
LEFT	左子串函数，返回字符串中从左边开始指定个数的字符
LEN	字符串函数，返回指定字符串表达式的字符（而不是字节）数，其中不包含尾随空间
LOWER	小写字母函数，将大写字符数据转换为小写字符数据后返回字符表达式
LTRIM	删除前导空格字符串，返回删除了前导空格之后的字符表达式
REPLACE	替换函数，用第三个表达式替换第一个字符串表达式中出现的所有第二个指定字符串表达式的匹配项
REPLICATE	复制函数，以指定的次数重复字符表达式
RIGHT	右子串函数，返回字符串中从右边开始指定个数的字符
RIRIM	删除尾随空格函数，删除所有尾随空格后返回一个字符串
SPACE	空格函数，返回由重复的空格组成的字符串
STR	数字向字符转换函数，返回由数字数据转换来的字符数据
SUBSTRING	子串函数，返回字符表达式、二进制表达式、文本表达式或图像表达式的一部分
UPPER	大写函数，返回小写字符数据转换为大写的字符表达式

【例 4-7】从 userInfo 表中找出用户名第一个字为"小"的用户的电话和姓名长度，其中取电话号码列的前 5 位字符。

```
USE E_business_DB
SELECT
LEFT （userPhone，5）'用户电话'，
LEN （username）'用户姓名长度'
FROM userInfo
WHERE SUBSTRING （username，1，1）='小'
```

执行结果如图 4-6 所示。

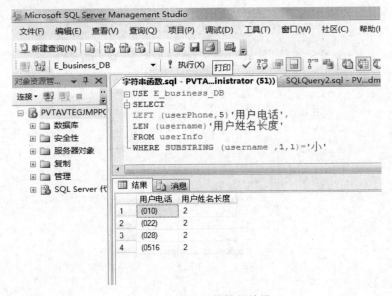

图 4-6　字符串函数执行结果

4．日期和时间函数

SQL Server 2008 提供了 9 个日期和时间处理函数。其中的一些函数接受 datepart 变元，这个变元指定函数处理日期与时间所使用的时间粒度，如表 4-9 和表 4-10 所示。

表 4-9　日期和时间函数

函数名称	描述
DATEADD	返回给指定日期加上一个时间间隔后的新 datetime 值
DATEDIFF	返回跨两个指定日期的日期边界数和时间边界数
DATENAME	返回表示指定日期的指定日期部分的字符串
DATEPART	返回表示指定日期的指定日期部分的整数
DAY	返回一个整数，表示指定日期的天部分的整数
GETDATE	以 datetime 值的 SQL Server 2008 标准内部格式返回当前系统日期和时间
GETUTCDATE	返回表示当前的 UTC 时间来自当前的本地时间和运行 Microsoft SQL Server 2008 实例的计算机操作系统中的时区设置
MONTH	返回表示指定日期的月部分的整数
YEAR	返回表示指定日期的年份的整数

表 4-10 SQL Server datepart 常量

常量	含义	常量	含义
yy 或 yyyy	年	dy 或 y	年日期（1～366）
qq 或 q	季	dd 或 d	日
mm 或 m	月	Hh	时
wk 或 ww	周	mi 或 n	分
dw 或 w	周日期	ss 或 s	秒
ms	毫秒		

【例 4-8】使用 DATEPART()和 GETDATE()函数取出当前系统月份。

在查询设计器使用 DATEPART()，两个参数的用法：其中 GETDATE()函数是取系统当前的日期，MONTH()函数是取出月份，结果如图 4-7 所示。

图 4.7 使用日期函数

5. 自定义函数

除了使用系统函数外，用户还可以创建自定义函数，以实现更独特的功能。自定义函数还可以接受零个或多个输入参数，其返回值可以是一个数值，也可以是一个表，但是自定义函数不支持输出参数。

在 SQL Server 2008 中，使用 CREATE FUNCTION 语句来创建自定义函数，根据函数返回值形式的不同，可以创建 3 类自定义函数，分别是标量值白定义函数、内联表值自定义函数和多语句表值自定义函数。

1）标量值自定义函数

标量值自定义函数返回一个确定类型的标量值,其返回的值类型为除 text、ntext、image、cursor、timestamp 和 table 类型外的其他数据类型。也就是说，标量值自定义函数返回的是一个数值。语法结构如下：

```
CREATE  FUNCTION function_name
 ([{@parameter_name scalar_ parameter_data_type[=default] }[…n]])
 RETURNS scalar_return_data_type
 [WITH ENCRYPTION]
 [AS]
 BEGIN
   function_body
   RETURN scalar_expression
     END
```

语法参数的含义如下。

（1）function_name：自定义函数的名称。

（2）@parameter_name：参数名。

（3）scalar_parameter_data_type：参数的数据类型。

（4）RETURNS scalar_return_data_type：该子句定义了函数返回值的数据类型，该数据类型不能是 text、ntext、image、cursor、timestamp 和 table 类型。

（5）WITH 子句指出了创建函数的选项，如果指定了 ENCRYPTION 参数，则创建的函数是被加密的，函数定义的文本将以不可读的形式存储在 syscomments 表中，任何人都不能查看该函数的定义，包括函数的创建者和系统管理员。

（6）BEGIN…END：该语句块内定义了函数体（function_body）及包含 RETURN 语句，用于返回值。

【例 4-9】创建一个标量值函数 GetName( )，能够根据用户的 ID 来返回该用户的姓名。

```
CREATE FUNCTION GetName（@id INT）
RETURNS varchar（10）
As
BEGIN
DECLARE @Name varchar（10）
SELECT @Name=（SELECT userInfo.userTruename FROM userInfo WHERE userInfo.userId
=@id）
RETURN @Name
END
```

执行上述语句后在 E_business_DB 数据库中创建名为 GetName 的标量值函数，在查询中调用该函数，具体的代码及结果如图 4-8 所示。

图 4-8　执行自定义函数 GetName（@id INT）的结果

2）内联表值自定义函数

内联表值自定义函数以表的形式返回一个返回值，即它返回的是一个表。

内联表值自定义函数没有由 BEGIN…END 语句块中包含的函数体，而是直接使用 RETURN 子句，其中包含的 SELECT 语句将数据从数据库中筛选出来形成一个表。使用内联表值自定义函数可以提供参数化的视图功能。语法结构如下：

```
CREATE  FUNCTION function_name
（[{@parameter_name scalar_ parameter_data_type[=default] }[…n]]）
RETURNS TABLE
[WITH ENCRYPTION]
[AS]
RETURN （select_statement）
```

该语法结构中各参数的含义与标量值函数语法结构中参数的含义相似。

3）多语句表值自定义函数

多语句表值自定义函数可以看作标量值自定义和内联表值自定义函数的结合体。该类函数的返回值是一个表，但它和标量值自定义函数一样，有一个用 BEGIN…END 语句块包含起来的函数体，返回值的表中数据是由函数体中的语句插入的，对数据进行多次筛选与合作，弥补了内联表值自定义函数的不足。

☞小提示：

在 SQL Server 2008 提供的所有聚合函数中，除了 COUNT 函数外，聚合函数都会忽略空值。

任务 6　流程控制语句

任务描述

在掌握了常量、变量、表达式和函数后，小王准备学习流程控制语句从而能组织较复杂的 Transact-SQL 语句的语法元素。

任务要点

1．了解流程控制语句的种类。

2．掌握 IF…ELSE 条件语句、CASE 分支语句、WHILE 循环语句的定义与使用方法。

任务实现

在 T-SQL 语言中，流程控制语句是用来控制程序执行流程的语句，在批处理、存储过程、脚本和特定的检索中使用。包括条件控制语句、无条件转移语句和循环语句。

1．BEGIN…END 语句块

语法格式如下：

```
BEGIN
{
sql_statement | statement_block
}
END
```

语法参数的含义如下。

（1）sql_statment：使用语句块定义的任何有效的 Transact-SQL 语句。

（2）statment_block：使用语句块定义的任何有效的 Transact-SQL 语句块。

2．IF…ELSE 条件语句

语法格式如下：

```
IF Boolean_expression
{sql_statement | statement_block}
ELSE
{sql_statement | statement_block}
}
END
```

语法参数的含义如下。

（1）Boolean_expression：返回 true 或 false 的表达式。如果布尔表达式中含有 SELECT 语句，必须用圆括号将 SELECT 语句括起来。

（2）sql_statement：使用语句块定义的任何有效的 Transact-SQL 语句。

（3）statment_block：使用语句块定义的任何有效的 Transact-SQL 语句块。

【例 4-10】查询 commentInfo 表中给出 5 分评价用户的满意度，如果评价内容未显示"不满意"则用户基本满意。

```
USE E_business_DB
GO
IF  (SELECT comTitle FROM commentInfo where comScore='5') !='不满意'
BEGIN
PRINT '用户基本满意'
END
ELSE
PRINT '用户不满意'
GO
```

执行结果如图 4-9 所示。

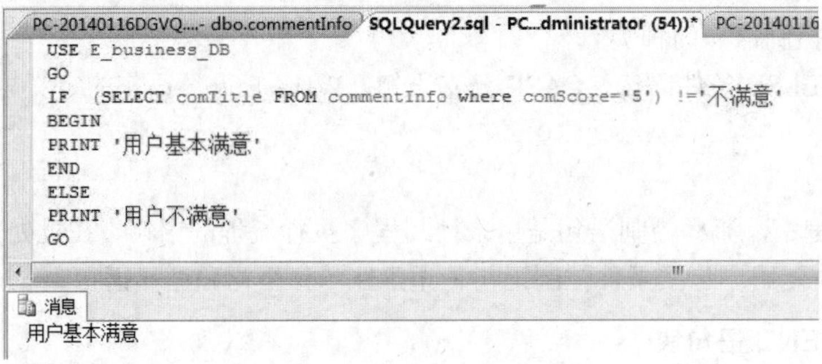

图 4-9 IF…ELSE 条件语句执行结果

3. CASE 分支语句

使用 CASE 语句可以进行多个分支的选择。CASE 具有以下两种格式。

（1）简单格式：将某个表达式与一组简单表达式进行比较以确定结果。

（2）搜索格式：计算一组布尔表达式以确定结果。

语法格式如下：

```
CASE input_expression
WHEN when_expression THEN result_expression
[...n]
END
```

语法参数的含义如下：

① input_expression：使用简单 CASE 格式时所计算的表达式，可以是任何有效的表达式。

② when_expression：用来和 input_expression 表达式作比较的表达式。input_expression 和每个 when_expression 的数据类型必须相同，或者是隐性转换。

③ result_expression：当 input_expression=when_expression 的取值为 true 时，需要返回的表达式。

④ else_ result_expression：当 input_expression=when_expression 的取值为 false 时，需要返回的表达式。

4．WHILE 循环语句

用于设置重复执行 Transact-SQL 语句或语句块的条件。当指定的条件为真时，重复执行循环语句。

语法格式如下：

```
WHILE Boolean_expression
{sql_statement | statement_block}
[BREAK]
{sql_statement | statement_block}
[COUNTINUE]
{sql_statement | statement_block}
```

语法参数的含义如下。

（1）Boolean_expression：布尔表达式，可以返回 true 或 false。如果布尔表达式中含有 SELECT 语句，必须用圆括号将 SELECT 语句括起来。

（2）sql_statement：使用语句块定义的任何有效的 Transact-SQL 语句。

（3）statement_block：使用语句块定义的任何有效的 Transact-SQL 语句块。

（4）BREAK：导致从最内层的 WHILE 循环中退出，将执行出现在 END 关键字后面的任何语句块，END 关键字为循环结束标记。

（5）CONTINUE：使 WHILE 循环重新开始执行，忽略 CONTINUE 关键字后的任何语句。

【例 4-11】 使用 WHILE 语句计算 1+2+3+4+…+100 的和。

```
DECLARE @i INT, @sum INT
SELECT @i =1, @sum =0
WHILE @i <=100
BEGIN
SELECT @sum =@sum +@i,
@i =@i +1
END
PRINT @sum
```

执行结果如图 4-10 所示。

图 4-10　WHILE 循环语句执行结果

5. WAITFOR 延迟语句

WAITFOR 延迟语句可以将其之后的语句在一个指定的间隔之后执行，或者在将来的某一指定时间执行。它可以悬挂起批处理、存储过程或事务的执行，直到发生以下情况为止：已超过指定的时间间隔、到达指定的时间。该语句通过暂停语句的执行而改变语句的执行过程。

语法格式如下：

```
WAITFOR
{
DELAY time | TIME time |（receive_statement) [TIMEOUT timeout]
}
```

语法参数的含义如下。

（1）DELAY：可以继续执行批处理、存储过程或事务之前必须经过的指定时段，最长可以为 24 小时。time 为等待的时间，可以使用 datetime 数据可接受的格式之一指定 time，也可以将其指定为局部变量，不能指定日期。因此，不允许指定 datetime 值的日期部分。

（2）TIME：指示 SQL Server 等待到指定时间。

（3）receive_statement：任何有效的 RECEIVE 语句。

6. RETURN 无条件退出语句

此语句可以进行无条件终止查询、存储过程或批处理的执行。存储过程或批处理中 RETURN 语句后面的所有语句都不再执行。

当在存储过程中使用该语句时，可以使用该语句指定返回给调用应用程序、批处理或过程的整数值。如果 RETURN 语句未指定值，则存储过程的返回值是 0。

语法格式如下：

```
RETURN [integer_expression]
```

在此语句中“integer_expression”参数返回一个整数值。存储过程可向执行调用的过程或应用程序返回一个整数值。

7. GOTO 跳转语句

GOTO 跳转语句使得 Transact-SQL 批处理的执行跳至指定标签的语句。也就是说，不执行 GOTO 语句和标签之间的所有语句。

语法格式如下：

```
GOTO label
```

这里的“label”参数指定要跳转到的语句标号，其名称要符合标识的规定。由于 GOTO 语句破坏了结构化语句的结构，应该尽量减少该语句的使用。

8. TRY…CATCH 错误处理语句

如果 TRY 块内部发生错误，则会将控制传递给 CATCH 块中包含的另一个语句组。TRY…CATCH 构造捕捉所有严重级别大于 10 但不终止数据库连接的错误。

语法格式如下：

```
BEGIN TRY
{sql_statement | statement_block}
END TRY
BEGIN CATCH
{sql_statement | statement_block}
```

```
END CATCH
```

上述语句中参数 "sql_statement | statement_block" 可以定义为任何有效的 Transact-SQL 语句或语句块。

任务 7　事务与 ACID 属性

任务描述

小王在 Transact-SQL 语句编写的过程中，听说数据库有事务这一概念，他准备进一步深入学习。

任务要点

1. 了解事务的概念。
2. 掌握事务的 4 种运行模式。
3. 掌握 ACID 属性的特性。

任务实现

在 SQL Server 2008 中，事务是一个很重要的概念。事务在 SQL Server 中相当于一个工作单元，使用事务可以确保同时发生的行为与数据有效性不发生冲突，并且维护数据的完整性，确保 SQL 数据的有效性。

1. 事务

1）事务的概念

所谓事务就是用户对数据库进行的一系列操作的集合。事务是单个的工作单元，是数据库中不可再分的基本部分。

SQL Server 系统具有事务处理功能，能够保证数据库操作的一致性和完整性。例如，由于数据库是可共享的信息资源，当出现多个用户同时在某一时刻访问和修改同一数据库中的同一部分数据内容时，可能由于一个用户的行为，造成多个用户使用的数据变得无效。为了防止出现这种问题，SQL Server 使用事务可以确保同时发生的行为与数据有效性不发生冲突，而且这些数据同时也可以被其他用户看到。

事务中一旦发生任何问题，整个事务就会重新开始，数据库也将返回到事务开始前的状态。先前发生的任何操作都会被取消，数据也恢复到原始状态。事务完成的话，便会将操作结果应用到数据库。所以无论事务是否完成或重新开始，事务总是确保数据库的完整性。

2）SQL Server 中事务的 4 种运行模式

（1）自动提交事务：每条单独的语句都是一个事务。它是 SQL 默认的事务管理模式，每个 T-SQL 语句完成时，都被提交或回滚。

（2）显示事务：每个事务均以 BEGIN TRANSACTION 语句显示开始，以 COMMIT 或 ROLLBACK 语句显示结束。

（3）隐式事务：在前一个事务完成时新事务隐式启动，但每个事务仍以 COMMIT 或 ROLLBACK 语句显示完成。

（4）批处理级事务：只能应用于多个活动结果集（MARS），在 MARS 会话中启动 Transact-SQL

显示或隐式事务为批处理级事务。当批处理完成时没有提交或回滚的批处理级事务将自动由 SQL Server 进行回滚。

例如，使用 T-SQL 语言的 UPDATE 语句插入表数据，就可以被看作 SQL Server 的单个事务来运行，如下面的语句所示：

【例 4-12】

```
UPDATE [BookDateBase].[dbo].[Books]
  SET [bigClass]='文学'
    , [SmallClass]= '纪实文学'
    , [Bcount]= -12
WHERE Bnum='9787512500983'
GO
```

当运行该更新语句时，SQL Server 认为用户的意图是在单个事务中同时修改行"大类（BigClass）"、"小类（SmallClass）"和"库存量（Bcount）"的数据。假设，在"库存量（Bcount）"列上有不允许值小于 0 的约束，那么更新列"库存量（Bcount）"的操作就会失败，这样全部更新操作都无法实现。由于 3 条插入语句同在一个 UPDATE 语句中，因此 SQL Server 将这 3 个更新操作作为同一个事务来执行，当一个更新失败后，其他操作便一起失败。

如果希望 3 个更新能够被独立地执行，则可以将上述语句改写为如例 4-13 所示的形式：

【例 4-13】

```
UPDATE [BookDateBase].[dbo].[Books]
SET [Bcount]= -12
WHERE Bnum='9787512500983'

 UPDATE [BookDateBase].[dbo].[Books]
SET [SmallClass]='纪实文学'
WHERE Bnum='9787512500983'

UPDATE [BookDateBase].[dbo].[Books]
 SET [bigClass]= '文学'
WHERE Bnum='9787512500983'
```

这样做的目的是，即使对约束列的更新失败，也对其他列的更新没有影响，因为这是 3 个不同的事务处理操作。

2. ACID 属性

SQL Server 中，ACID 属性用来标识事务的特性。事务是作为单个逻辑工作单元执行的一系列操作。一个逻辑工作单元必须有 4 个属性，分别为原子性、一致性、隔离性和持久性，只有这样才能成为一个事务。

1）原子性（Atomicity）

原子性是用于描述事务的必须工作单元。当事务结束时，对于事务内的所有数据操作，要么全都执行，要么都不执行。例如，银行转账的过程中出现错误，整个事务将会回滚。只有当事务中的所有部分都成功执行了，才将事务写入数据库并使变化永久化。

2）一致性（Consistency）

事务在系统完整性中实施一致性，保证系统的任何事务最后都处于有效状态来实现。再看一下银行转账的例子，在账户资金转移前，账户处于有效状态。如果事务成功地完成，并且提交事务，则账户处于新的有效的状态。如果事务出错，终止后，账户返回到原先的有效状态。即当许多用户同时使用和修改同样的数据时，事务必须保持其数据的完整性和一致性。

3）隔离性（Isolation）

隔离状态执行事务，使它们好像是系统在给定的时间内执行的唯一操作。如果有两个事务，运行在相同的时间内，执行相同的功能，事务的隔离性将确保每一个事务在系统中认为只有该事务在使用系统。这种属性有时称为串行化，为防止事务操作间的混淆，必须串行化或序列化请求，使得在同一时间仅有一个请求用于同一数据。

4）持久性（Durability）

持久性意味着一旦事务执行成功，在系统中产生的所有变化将是永久的。持久性的概念允许开发者认为无论系统以后发生什么变化，完成的事务都是系统永久的部分。

任务8　使用游标

任务描述

小王在编程过程中发现，使用 SELECT 语句返回的结果集包括所有满足条件的行，但在实际开发应用程序时，往往需要每次处理一行或一部分行，SQL Server 2008 中的游标提供了提取数据集的方法。

任务要点

1．了解游标的概念。
2．掌握游标的使用方法。

任务实现

1．游标的概念

游标是提取数据集的一种方法，而且可以与该集合中的单条记录互交。它不像人们想象的那样频繁出现，但实际有时通过修改或选择整个集合中的数据并不能得到所期望的结果。该集合是由一些具有共性的行产生的（如由 SELECT 语句定义），但随后基本上都需要逐行处理这些数据。

游标中的结果集与正常的 SELECT 语句之间有以下不同之处。

（1）声明游标与实际执行游标是相互分开的。

（2）游标和结果集在声明中命名，然后通过名称引用游标。

（3）在游标中设置结果，一旦打开，就一直开放到关闭为止。

（4）游标有一组用于操纵记录集的特殊命令。

2．游标的使用

使用游标有 5 种基本步骤：声明游标、打开游标、提取数据、关闭游标和释放游标。

1）声明游标

声明游标的语法结构如下：

```
DECLEAR  cursor_name [INSENSITIVE ] [SCROLL] CURSOR
FOR query_expression
[FOR{READ  ONLY | UPDATE[OF column_name[, ...n]]}]
```

语法参数的含义如下。

（1）cursor_name：指定游标的名称。

（2）INSENSITIVE：定义一个游标，以创建将由该游标使用的数据的临时副本。

（3）SCROLL：指定滚动式游标，即所有的提取选项（FIRST、LAST、PRIOR、NEXT、RELATIVE、ABSOLUTE）均可用。

（4）query_expression：查询表达式，一般为 SELECT 语句。

（5）READ ONLY：禁止通过该游标进行更新。

（6）UPDATE[OF column_name[,...n]：定义游标中可更新的列。

2）打开游标

声明了游标之后在做其他操作之前，应打开它。

语法结构如下：

```
OPEN cursor_name
```

由于打开游标是对数据库进行一些 SQL SELECT 的操作，它将耗费一些时间，主要取决于使用的系统性能和这条语句的复杂程序。如果执行的时间较长，可以考虑将屏幕上显示的鼠标改为 hourglass。

3）提取数据

提取数据时使用 FETCH 语句，从结果集中检索单独的行。

语法格式如下：

```
FETCH [NEXT | PRIOR | FIRST | LAST | ABSOLUTE{n|@nvar} | RELATIVE{n|@nvar}]
FROM [GLOBAL]游标名称
[INTO @变量名 [,...n]]
```

语法参数的含义如下。

（1）NEXT：返回紧跟当前行之后的结果行。

（2）PRIOR：返回当前行的前结果行。

（3）FIRST：返回游标中的第一行并将其作为当前行。

（4）LAST：返回游标中的最后一行并将其作为当前行。

（5）ABSOLUTE n：检索 n 值指定的行，如果 n 为正数，则返回从游标开始的第 n 行，并将返回行变成新的当前行。如果 n 为负数，则返回从游标末尾开始的第 n 行，并将返回行变成新的当前行。如果 n 为 0，则不返回行，n 必须是整数常量。

（6）RELATIVE n：检索相对于当前游标位置的行。如果 n 为正数，则返回从当前行开始的第 n 行，并将返回行变成新的当前行。如果 n 为负数，则返回当前行之前的第 n 行，并将返回行变成新的当前行。

4）关闭游标

该过程结束动态游标的操作并释放资源，使用 CLOSE 语句关闭游标后还可以使用 OPEN 语句重新打开。

语法格式如下：

```
CLOSE 游标名称
```

5）释放游标

使用 DEALLOCATE 语句从当前的会话中移除游标的引用。该过程完全释放分配给游标的所有资源。

游标释放之后不可以用 OPEN 语句重新打开，必须使用 DECLARE 语句重建游标。

语法格式如下：

```
DEALLOCATE 游标名称
```

第 5 章　数据查询和管理

建立数据库并且存储数据的目的是为了使用，对数据的查询工作是数据库应用中较为频繁和核心的工作。在实际操作中经常会遇到带有各种条件的查询，要求从数据表或视图中返回需要的数据。

SQL Server 2008 中提供了执行查询的 SELECT 语句，该语句可以完成简单的单表查询，也可以完成较为复杂的查询，如多表连接查询和子查询。

学习目标

1. 掌握 SELECT 语句的语法格式。
2. 理解数据查询的各种语句。
3. 掌握多表查询的概念。
4. 掌握内连接、外连接的使用方法。
5. 掌握子查询的使用方法。

任务 1　基本查询（一）

任务描述

在数据库 E_business 及相关数据表建立完毕后，每天要对数据表进行查询工作，面对用户不同的查询要求，怎样才能得到他们需要的数据。

任务要点

1. SELECT 语句的语法格式。
2. 基本查询语句的用法。

任务实现

1．SELECT 语句介绍

SELECT 语句可以按照指定的条件完成简单的单表查询，也可以完成较为复杂的多表查询和子查询。SELECT 语句中包含 INTO 子句、FROM 子句、WHERE 子句、GROUP 子句、HAVING 子句和 ORDER BY 子句。通过不同的子句组合，可以完成不同类型的查询。

SELECT 语句的基本语法格式如下：

```
SELECT 列名的列表
    [INTO 新表名]
    [FROM 表名与视图名列表]
    [WHERE 条件表达式]
    [GROUP BY 列名的列表]
```

> [HAVING 条件表达式]
> [ORDER BY 列名1[ASC|DESC]，列名2[ASC|DESC]，...列名n[ASC|DESC]]

语法参数的含义如下。

（1）SELECT 子句：用于指定查询输出的字段。

（2）INTO 子句：用于将查询结果保存至一张新的表中。

（3）FROM 子句：用于指定要查询的表或视图。

（4）WHERE 子句：用于限定查询的条件和范围。

（5）GROUP BY 子句：按照指定的列值对查询结果进行分组。

（6）HAVING 子句：对分组的条件进行设定。

（7）ORDER BY 子句：用于指定排序表达式和顺序，可根据一列或多列来排序。ASC 表示升序排列，DESC 表示降序排列。

2．简单 SELECT 语句

简单 SELECT 语句的语法格式如下：

> SELECT 选取的列
> FROM 表的列表
> WHERE 查询条件

【例 5-1】查询商品表 productinfo，显示商品表中所有数据。

要返回所有字段的内容可以使用"*"。

> select * from productinfo

执行结果如图 5-1 所示。

图 5-1　查询表中所有字段

【例 5-2】查询商品表 productinfo，显示商品表中 proname 和 ptypeid 两列数据。

查询多个字段时，各字段之间用逗号隔开。

> select proname,ptypeid from productinfo

执行结果如图 5-2 所示。

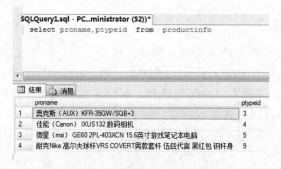

图 5-2　查询表中指定字段

【例 5-3】查询商品表 productinfo，显示产品单价在 5000 元以下的商品名称，并且字段名用中文表示。

显示的字段名称和表中原有的名称不一样时，使用"AS"或"="。

```
select proname as 商品名称 from  productinfo where proPrice<5000
```

执行结果如图 5-3 所示。

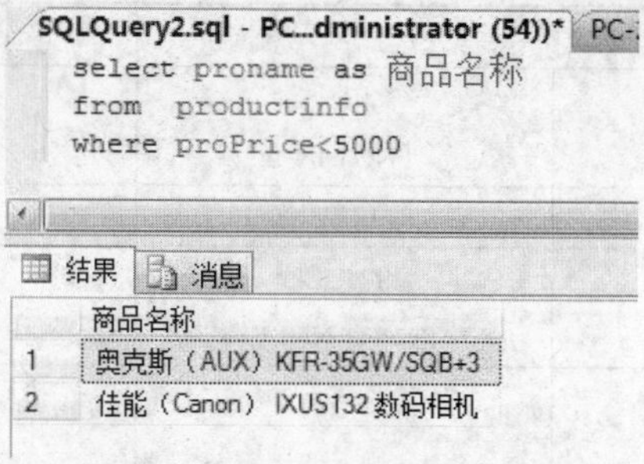

图 5-3　对查询出的列名设置别名

【例 5-4】显示商品价格在 2000 元以上的前 2 条记录。

要求显示表中头 n 条记录时，在列名前使用"top n"子句。

```
select top 2 proname from  productinfo where proPrice>2000
```

执行结果如图 5-4 所示。

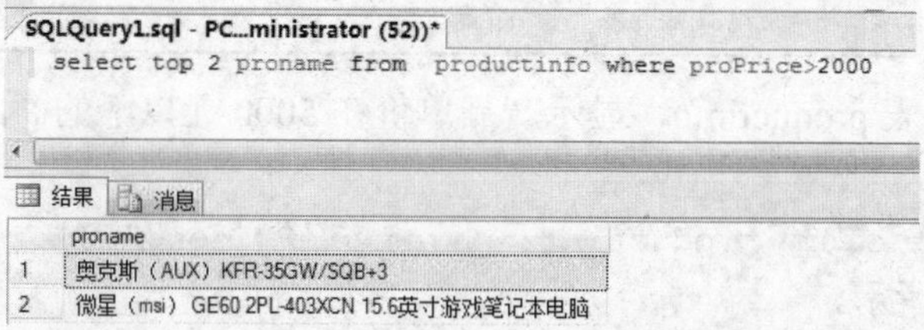

图 5-4　对选出的列取前 2 条记录

3．在查询条件中使用 INTO 子句

使用 INTO 子句允许用户定义一个新表，并且把 SELECT 语句查询到的数据插入到新表中。

【例 5-5】将 guestbookInfo 表中所有"咨询类"的客户查找出来，并保存到一张 guestbookInfozx 的新表中。

```
select *
into guestbookInfozx
from guestbookInfo
where guestType='咨询'
```

执行结果如图 5-5 所示，刷新数据库表后发现生成了新表 guestbookInfozx。

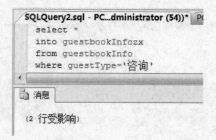

图 5-5　在查询语句中使用 INTO 子句

4．在查询语句中使用 WHERE 子句

使用 WHERE 子句可以对数据进行有选择的查询。WHERE 子句中可以使用的运算符如表 5-1 所示。

表 5-1　WHERE 子句中可使用的运算符

运算符		含义
集合成员运算符	IN	在集合中
	NOT IN	不在集合中
字符串匹配运算符	LIKE	与 _ 和* 进行字符匹配
空值比较运算符	IS NULL	为空
	IS NOT NULL	不为空
算术运算符	>	大于
	<	小于
	=	等于
	≤	小于等于
	≥	大于等于
	≠	不等于
逻辑运算符	AND	与
	OR	或
	NOT	非

【例 5-6】查询商品表 productinfo，显示产品单价在 5000 元以下的商品名称。比较运算符的用法。

```
select proname from  productinfo where proPrice<5000
```

执行结果如图 5-6 所示。

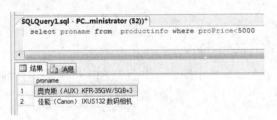

图 5-6　在 WHERE 子句后使用比较运算符

【例 5-7】查询 userInfo 表，找出钱薇和李聚的相关记录。

```
select * from userInfo
where userTruename in （'钱薇'，'李聚'）
```

执行结果如图 5-7 所示。

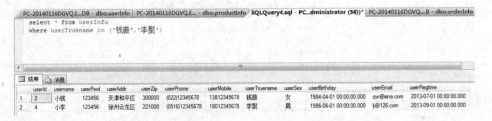

图 5-7　在 WHERE 子句后使用列表运算符

【例 5-8】将 orderInfo 表中所有天津地区的客户查找出来。

```
select * from orderInfo
where userAddr like '天津%'
```

在 Like 后的条件表达式"通配符"包括下列 4 种。

（1）"%"。匹配包含 0 个或多个字符的字符串。

（2）"_"。下画线，匹配任何单个的字符。

（3）"[]"。排列通配符，匹配任何在范围或集合中的单个字符。

（4）"[^]"。不在范围内的字符，匹配任何不在范围或集合中的单个字符。

【例 5-9】从 commentInfo 表中找出用户还未做出评价的记录。

```
select *
from commentInfo
where comContent is null
```

【例 5-10】从 guestbookInfo 表中找出用户提出建议或投诉的记录。

```
select *
from guestbookInfo
where guestTitle='投诉' or guestTitle='建议'
```

5. 在查询语句中使用 ORDER BY 子句

使用 ORDER BY 子句可以按照一列或多列的值对查询的结果进行排序。ASC 表示升序排列，DESC 表示降序排列。

【例 5-11】查询会员信息表中会员姓名、性别、出生日期和注册日期，按注册日期的降序排列。

```
select usertruename, usersex, userbirthday, userregtime
from userinfo order by userregtime DESC
```

执行结果如图 5-8 所示。

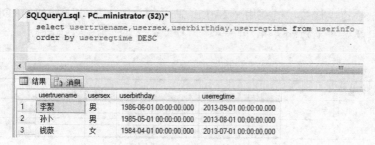

图 5-8　使用 ORDER BY 降序排列的查询结果

【例 5-12】查询会员信息表，按会员性别升序查询表中会员姓名、性别、出生日期和注册日期。

```
select usertruename, usersex, userbirthday, userregtime
from userinfo order by usersex
```

执行结果如图 5-9 所示。

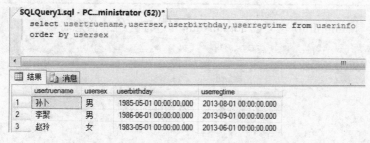

图 5-9　使用 ORDER BY 升序排列的查询结果

【例 5-13】 按会员性别升序和注册日期降序查询会员姓名、性别、出生日期和注册日期（第 1 关键字 USERSEX 有相同记录时按 userBirthday 降序排列）。

```
select usertruename, usersex, userbirthday, userregtime
from userinfo order by USERSEX , userBirthday desc
```

任务 2 基本查询（二）

▌▌ 任务描述

小王在进行数据查询时，经常需要对查询结果进行统计或分组汇总，在 SELECT 语句中提供了统计功能。

▌▌ 任务要点

1. 掌握聚合函数的功能。
2. 掌握 SELECT 语句中 GROUP BY 子句的用法。

▌▌ 任务实现

在 SELECT 语句中，可以利用聚合函数、GROUP BY 子句和 COMPUTE 子句对查询结果进行分组统计。

1. 使用聚合函数

聚合函数是在查询结果记录的列集上进行各种统计运算，返回单个计算结果，如求总和、平均值、最大值、最小值、行数，一般用于 SELECT 子句、HAVING 子句和 ORDER BY 子句中。SQL Server 所提供的聚合函数如表 5-2 所示。

表 5-2 聚合函数

聚合函数	功能
SUM（[ALL|DISTINCT] 列表达式）	计算一组数据的和
MIN（[ALL|DISTINCT] 列表达式）	给出一组数据的最小值
MAX（[ALL|DISTINCT] 列表达式）	给出一组数据的最大值
COUNT（{[ALL|DISTINCT] 列表达式}|*）	计算总行数。COUNT（*）返回行数，包括含有空值的行，不能与 DISTINCT 一起使用
CHECKSUM（*|列表达式[, …n]）	对一组数值的和进行校验，可探测表的变化
BINARY_CHECKSUM（*|列表达式[, …n]）	对二进制的和进行校验，可以探测行的变化
AVG（[ALL|DISTINCT] 列表达式）	计算一组值的平均值

【例 5-14】 查询 adminInfo 表，按 adminAuth 列进行分组的信息。

```
select adminAuth from adminInfo group by adminAuth
```

执行结果如图 5-10 所示。

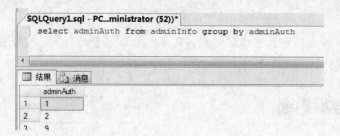

图 5-10　分组统计查询数据

【例 5-15】查询 adminInfo 表，显示表中 adminAuth 和 adminId 两列数据。

```
select adminAuth, sum（adminId） from adminInfo group by adminAuth
```

执行结果如图 5-11 所示。

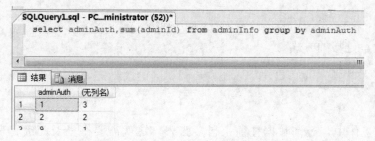

图 5-11　分组后对查询结果进行求和

【例 5-16】查询 adminInfo 表中 adminAuth 列中各分组中数据数量。

```
select adminAuth, count（adminAuth）as 数量
from adminInfo group by adminAuth
```

2. 使用 GROUP BY 子句

GROUP BY 子句写在 WHERE 子句的后面，能够按照指定的列，对查询结果进行分组统计。

【例 5-17】查询 adminInfo 表，先查询 adminAuth>1 的记录，再查询按 adminAuth 进行分组的结果。

```
select adminAuth, adminAuth*10 from adminInfo
where adminAuth>1  group by adminAuth
```

执行结果如图 5-12 所示。

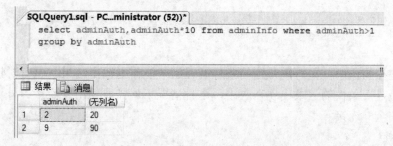

图 5-12　带记录筛选和组内记录筛选的分组统计

【例 5-18】查询 adminInfo 表按 adminAuth 进行分组的结果，并在分组结果中筛选掉小于 50 的记录。

```
select adminAuth, adminAuth*10 as abc from adminInfo
group by adminAuth having adminAuth*10>50
```

☞小提示

SELECT 子句中的选择列表中出现的列，或者包含在聚合函数中，或者包含在 GROUP BY 子句中，否则，SQL Server 将返回错误信息。

任务3　多表连接查询

▌▌ 任务描述

小王在日常的数据查询中，经常会遇到查询的数据分散在不同表中的情况。怎样才能把多个表中的数据提取出来呢？

▌▌ 任务要点

1. 理解表之间连接的方式。
2. 能使用多表连接语句完成查询。

▌▌ 任务实现

在实际查询工作中，查询数据往往来自多张表，这就需要将多表连接起来选取数据。SQL Server 2008 中多表连接的方式有交叉连接、内连接和外连接。

1. 交叉连接

交叉连接将连接的两个表进行笛卡儿积运算，就是将第一个表的每一行都与另一张表的所有行进行连接。因此，连接后的结果集的行数等于两个表行数的乘积，列数等于两个表列数之和。

语法格式如下：

```
SELECT 列名列表 FROM 表名1 CROSS JOIN 表名2
```

2. 内连接

内连接也称为等值连接，在连接的过程中只连接满足连接条件的数据行，是将交叉连接结果集按照连接条件进行过滤的结果。内连接有两种语法格式。

```
SELECT 列名列表 FROM 表名1 [INNER] JOIN 表名2 ON 表名1.列名=表名2.列名
```

或

```
SELECT 列名列表 FROM 表名1，表名2 WHERE 表名1.列名=表名2.列名
```

3. 外连接

在通常的连接操作中，只有满足连接条件的元组才能作为输出结果。但有时也需要一个或多个两表中不满足连接条件的记录出现在表中，这种情况下就需要使用外连接。外连接分为左外连接、右外连接和全外连接。

1）左外连接

左外连接的结果集包括指定的左表的所有行，而不仅仅是连接列所匹配的行。如果左表的某行在右表中没有匹配行，则在相关联的结果集行中右表的所有选择列表列均为空值（Null）。

左外连接的过程：左外连接取出左侧所有与右侧关系中任一元组都不匹配的元组，用 NULL 值填充所有来自右侧关系的属性，构成新的元组，将其加入自然连接的结果中。

语法格式如下：

```
SELECT 列名列表 FROM 表名1 AS A LEFT [OUTER] JOIN 表名2 AS B ON A.列名=B.列名
```

【例 5-19】表 favoriteInfo 和 userInfo 按 favoriteInfo.proId=userInfo.userId 条件进行左外连接，因为这两个表中没有不匹配情况，所以没有 NULL 值。

```
select favoriteInfo.favId, userInfo.username, userInfo.userAddr
from favoriteInfo left join userInfo
on favoriteInfo.proId=userInfo.userId
```

执行结果如图 5-13 所示。

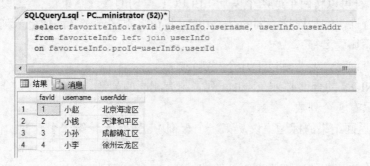

图 5-13　进行左外连接的查询结果

2）右外连接

右外连接和左外连接相反，它将返回右表的所有行。如果右表的某行在左表中没有匹配行，则将为左表返回空值（Null）。

右外连接的过程：右外连接取出右侧所有与左侧关系中任一元组都不匹配的元组，用 NULL 值填充所有来自左侧关系的属性，构成新的元组，将其加入自然连接的结果中。

语法格式如下：

```
SELECT 列名列表 FROM 表名1 AS A RIGHT [OUTER] JOIN 表名2 AS B ON A.列名=B.列名
```

【例 5-20】表 favoriteInfo 和 userInfo 按 favoriteInfo.proId=userInfo.userId 条件进行右外连接。

```
select favoriteInfo.favId, userInfo.username, userInfo.userAddr
from favoriteInfo right join userInfo
on favoriteInfo.proId=userInfo.userId
```

执行结果如图 5-14 所示。

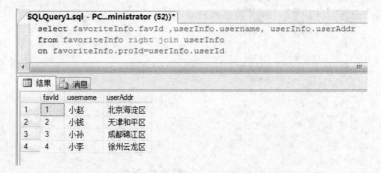

图 5-14　进行右外连接的查询结果

3）全外连接

全外连接完成左外连接和右外连接的操作，即填充左侧关系中所有与右侧关系中任一元组不匹配的元组，再填充右侧关系中所有与左侧关系中任一元组都不匹配的元组，将产生的新元组加入自然连接的结果中。

【例 5-21】表 favoriteInfo 和 userInfo 按 favoriteInfo.proId=userInfo.userId 条件进行全外连接。

```
select favoriteInfo.favId , userInfo.username,  userInfo.userAddr
from favoriteInfo full join userInfo
on favoriteInfo.proId=userInfo.userId
```

4．联合查询

联合查询概述

UNION 运算符可以将两个或两个以上 SELECT 语句的查询结果集合合并成一个结果集合显示，即执行联合查询，它与连接不同的是：JION 将信息水平连接（添加更多列），而 UNION 将信息垂直连接（添加更多行）。

当使用联合查询时，要注意以下几个关键点。

（1）所有 UNION 的查询必须在 select 列表中有相同的列数。即如果第一个查询有 3 个列数，第二个查询也要只有 3 个列数。

（2）UNION 返回结果的标题集仅从第一个查询中获得，无论第二个查询如何命名或取别名都不会更改。

（3）查询中对应的列的数据类型必须隐式一致。注意，不要求完全一致，只需要隐式一致。

（4）与其他非 UNION 不同，UNION 的默认返回选项为 DISTINCT，而不是 ALL。

【例 5-22】表 favoriteInfo 和 userInfo 进行交叉连接，显示 avoriteInfo.favId、userInfo.username、userInfo.userAddr 三列。

```
select favoriteInfo.favId , userInfo.username,  userInfo.userAddr
from favoriteInfo cross join userInfo
```

执行结果如图 5-15 所示。

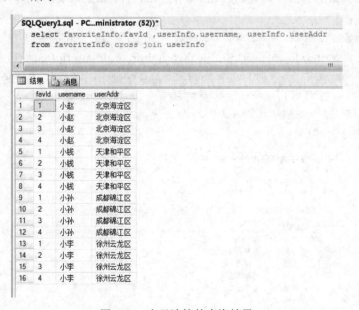

图 5-15　交叉连接的查询结果

【例 5-23】第 1 个查询对象是 producttypeInfo 表的 ptypeId、ptypeName 两列。第 2 个查询对象是 productInfo 表的 proId、proName 两列。UNION 将这两个查询结果纵向合并在一起。

```
select ptypeId, ptypeName from producttypeInfo union
select proId, proName from productInfo
```

【例 5-24】在【5-20】的基础上加上 2 个 WHERE 条件来限定查询结果。

```
select ptypeId, ptypeName from producttypeInfo where ptypeId>2 union
select proId, proName from productInfo  where proId>7
```

任务 4　子查询

任务描述

　　小王在进行数据查询的时候，发现有的查询的条件不能直接得出，而是来自另一个查询所返回的结果，这类查询称为子查询。

任务要点

1. 掌握不同类型子查询的语法结构。
2. 能区分不同类型子查询。
3. 学会使用不同类型子查询的实际应用。

任务实现

　　在 SQL 语句中，当一个查询语句嵌套在另一个查询的查询条件之中时，称为子查询。子查询可以实现较为复杂的查询任务。子查询需要在括号中输入，可以用在使用表达式的任何地方。子查询是一个 SELECT 语句，它嵌套在一个 SELECT、SELECT…INTO 语句、INSERT…INTO 语句、DELETE 语句、UPDATE 语句或嵌套在另一子查询中。

　　按照子查询返回结果的内容不同，可以分为返回单值子查询、返回多行子查询和嵌套子查询。

1. 返回单值子查询

　　在进行子查询时，子查询语句返回的结果只是一列一行，具体是一个值，则这种子查询称为返回单值（行）子查询。

　　语法结构如下：

```
SELECT …WHERE  COMPARISON  (SQLSTATEMENT)
```

语法参数含义如下。

（1）COMPARISON：一个表达式及一个比较运算符，将表达式与子查询的结果作比较。

（2）SQLSTATEMENT：子查询语句。

在子查询部分可以使用聚合函数。

【例 5-25】查询订单表中男性会员的 ID、住址及用户名信息。

```
select userId, userAddr, orderTime from orderInfo  where userId = (
select userId from userInfo where userSex='男')
```

　　因为子查询的返回结果不止 1 条，当使用 "=" 操作符时，被认定为要返回单值，所以系统报错。

【例 5-26】子查询中虽然返回结果是多条，但使用了聚合函数 COUNT，统计返回记录条数为 2，间接地使子查询返回结果为一个值。

```
select userId, userAddr, orderTime from orderInfo  where userId =(
select count(userId) from userInfo where userSex='男')
```

【例 5-27】查询订单表中会员 "赵玲" 的用户 ID、用户地址和订单时间记录。

```
select userId, userAddr, orderTime from orderInfo  where userId =（
select userId from userInfo where userInfo.userTruename='赵玲'）
```

2. 返回多行子查询

如果子查询返回的结果是多行结果，则该查询为返回多行的子查询。

1）可用以下三种语法来创建子查询

（1）select …where comparison [ANY | ALL | SOME]（sqlstatement）。

（2）select …where expression [NOT] IN（sqlstatement）。

（3）select …where [NOT] EXISTS（sqlstatement）。

2）子查询语法说明

（1）comparison：一个表达式及一个比较运算符，将表达式与子查询的结果作比较。

（2）expression：用以搜寻子查询结果集的表达式。

（3）sqlstatement：子查询语句。

3）返回多行子查询操作符

（1）ANY：和子句中返回的任意一个值比较。

在 SQL 中 ANY 和 SOME 是同义词，基本用法也相同。ANY 必须和其他比较运算符共同使用，而且必须将比较运算符放在 ANY 关键字之前，所比较的值也需要匹配子查询中的任意一个值。

（2）ALL：和子句中返回的所有值比较。

注意：如果匹配的集合为空，也就是子查询没有返回任何数据的时候，无论与什么比较运算符搭配使用，ALL 的返回值将永远是 TRUE。

（3）IN：等于列表中的任何一个值。

（4）EXISTS：用来检查每一行是否匹配子查询，可以认为 EXISTS 就是用来测试子查询结果是否为空，如果结果集为空则匹配结果为 FALSE，否则匹配结果为 TRUE。

4）操作实例

【例 5-28】查询订单表中男性会员的 ID、住址及用户名信息。

```
select userId, userAddr, orderTime from orderInfo
  where userId in （select userId from userInfo where userSex='男'）
```

执行结果如图 5-16 所示。

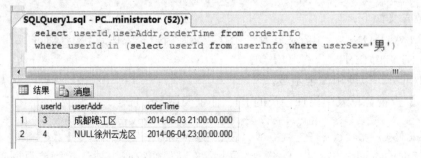

图 5-16　在子查询中使用 IN 操作符

【例 5-29】查询订单表中会员号小于男性会员 ID 号的记录。

```
select userId, userAddr, orderTime from orderInfo
  where userId <  （select MAX（userId） from userInfo where userSex='男'）
```

上面这条命令等价于：

```
select userId, userAddr, orderTime from orderInfo
```

```
where userId < ANY  (select userId from userInfo where userSex='男')
```

但这个命令产生的结果是错误的，应该将谓语改为"< ALL"就能得出第一个例子的答案了。

【例 5-30】查询订单表中有没有会员"赵玲"的订单记录。有则显示该条记录，没有则显示非"赵玲"会员的记录，【例 5-28】为不是赵玲订单的记录。

```
select * from orderInfo  where exists  (select * from userInfo where
orderInfo.userId=userInfo.userId and userInfo.userTruename='赵玲')
```

3. 嵌套子查询

在此之前介绍的返回多行和返回单值的子查询都只是涉及了两个查询，如果一个查询的子查询所要查询的内容也是来自一个子查询的结果，就涉及了 3 个查询，即查询是可以嵌套的。前面知识点中的返回单值子查询、返回多行子查询和联合查询实际上都属于嵌套子查询。

注意：如果子查询中引用了外部查询的数值，则称为相关子查询而不是嵌套查询，如下面的查询：

```
SElECT userid , username  FROM userInfo  As a
        WHERE userid=
          ( SELECT favId  FROM favoriteInfo  AS b
                WHERE a.userid=b.userid )
```

在子查询中使用了外部查询中表 userInfo 中的 Userid 值，而这个值是变量，随着查询而改变。

1）嵌套子查询的执行顺序

【例 5-31】有如下 3 层嵌套查询。

```
Select * from * where
(select * from * where
(select * from *))
```

2）嵌套查询的工作方式

先处理内查询，由内向外处理，外层查询利用内层查询的结果，所以【例 5-31】中三个查询语句执行顺序为 3、2、1。嵌套查询不仅可以用于父查询 SELECT 语句使用，还可以用于 INSERT、UPDATE、DELETE 语句或其他子查询中。

3）嵌套子查询操作实例

【例 5-32】在产品信息表中查询"天津"用户对产品所做评价的产品 ID 和产品名称。

```
select proId, proname from productInfo where proId=(
select proId from commentInfo where userId=(
select userId from userInfo where substring（userAddr, 1, 2）='天津'))
```

通过该示例可以看到过多的嵌套查询不利于信息的查询，非常容易造成查询效率的下降，考虑使用连接，尤其是内连接完成数据的查询。

第 6 章 表数据操作

数据表建立完成后，在数据库使用过程中需要根据用户实际需求对表数据进行各种操作。如增加新数据、对原有数据进行修改、删除数据等。

在 SQL Server 2008 中，可以使用 SQL Server Management Studio 和 INSERT、UPDATE 和 DEELET 语句完成上述操作。

学习目标

1. 掌握使用 SQL Server Management Studio 对数据进行操作。
2. 掌握 INSERT、UPDATE 和 DEELET 语句的格式。

任务 1 插入记录

任务描述

小王维护的数据库由于前台网站新用户注册，作为保存其中用户资料的数据表就会随时增加记录，怎样向表中增加记录呢？

任务要点

INSERT VALUES 语句的基本语法。

任务实现

在对数据库的使用中，其中的一些数据经常会发生变化，如一个商务网站单就它的用户而言，就会不断地发生变化。每天甚至每时每刻，都会有新的用户在这个网站注册。那么作为保存其中用户资料的数据就会随时增加。在 SQL Server 2008 中，对这样的变化提供了插入语句，从而完成对数据库中新数据的添加操作。

1. INSERT VALUES 语句的基本语法

使用 INSERT 语句的方法是向表中插入数据的最常用的方法，可以添加一行或多行数据，添加的基本语法如下：

```
INSERT [INTO]表或视图名 字段列表
VALUES 数据值列表
```

2. 注意事项

（1）字段列表放在"()"中，各字段之间用","隔开。

（2）数据值列表放在"()"中，各项按与字段列表对应的顺序编辑并使用","隔开，若没有指定字段列表，各项按数据表中字段顺序对应编辑。

（3）数据值列表各项必须和字段列表各项一一对应。

（4）数值列表中的数据值的数据类型必须对应相关字段的数据类型，其中字符数据要加"' '"。

（5）同时插入多行数据时各行数据放在不同的"()"中，各"()"之间用","隔开。

（6）插入数据时必须遵循定义在各列的约束和规则等。

（7）在可以为空的字段插入 NULL 值，则无论是否有默认值，插入该字段都为 NULL。

（8）标识列有系统自动插入数据，不需要在字段列表和数据值列表中出现。若要指定标识列，则需要先将表的 IDENTITY_INSERT 值设置为"ON"。

（9）对应字段列表中遗漏的列，是标识列或有默认值的，系统会根据标识属性和默认值自动插入，否则若该列不允许为空就会出错。

3. 操作实例

【例 6-1】为"E_business_DB"数据库的表"userInfo"添加数据，其中"userID"字段为标识列，添加"username"字段和"userpwd"字段的值。

在查询分析器中建立新的查询，输入如下语句，如图 6-1 所示。

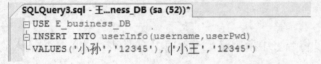

图 6-1 执行 INSERT VALUES 语句

结果显示 2 行受影响，说明已向表中成功插入 2 行记录。刷新数据库，打开表后发现 2 条新记录已插入表中，如图 6-2 所示。

userId	username	userPwd	userAddr	userZip	userPhone	userMobile	userTruenar
1	小赵	123456	北京海淀区	100000	(010)12345678	13912345678	赵玲
2	小钱	123456	天津和平区	300000	(022)12345678	13812345678	钱薇
3	小孙	123456	成都锦江区	610000	(028)12345678	15612345678	孙卜
4	小李	123456	徐州云龙区	221000	(0516)12345678	18012345678	李聚
5	小孙	12345	NULL	NULL	NULL	NULL	NULL
6	小王	12345	NULL	NULL	NULL	NULL	NULL
* NULL	NULL	NULL	NULL	NULL	NULL	NULL	NULL

图 6-2 插入数据成功

在表中插入数据也可以使用 SQL Server Management Studio 语句，右击要插入的数据表并执行"编辑前 200 行"命令，编辑数据并关闭当前窗口即可。

任务2 将查询结果插入数据库表

任务描述

小王在对数据表操作时，有时需要将查询出的记录插入到数据库中的另一张表中，这就需要使用 INSERT SELECT 语句。

▌▌ 任务要点

1. INSERT SELECT 语句的基本语法。
2. 掌握 INSERT SELECT 语句的使用。

▌▌ 任务实现

在对数据库的使用中，其中的一些数据经常会发生变化，原来的数据需要进行备份，可以使用 INSERT 语句。已经存在的表数据，可以转存到另一个表中，使用的是 INSERT…SELECT 语句。使用这种方法插入数据的行数不确定，并且插入的数据有一定的特性。数据转存时，提供数据的表称为源表，接收数据的表称为目标表。

1. INSERT SELECT 语句的基本语法

```
INSERT 目标表名称
     SELECT 字段列表
     FROM 源表
     WHERE 条件表达式
```

2. 语句的作用

INSERT…SELECT 语句可以将源表中所有满足 WHERE 条件表达式的数据插入到目标表中，这里还要满足以下几个条件。

（1）目标表必须在当前数据库中存在。

（2）目标表中对应的列的数据类型要和源表一致。

（3）源表中查询的列必须包含目标表中所有非标识列，无论遗漏的列是否允许为空，是否有默认值。

使用 INSERT…SELECT 语句可以有效地将数据分类，存放在不同的表中。在分类数据表损坏或缺失时，源表就是很好的备份。

3. 操作实例

【例 6-2】在"E_business_DB"数据库中创建新表"VIPuserInfo"，包含字段"uID"、"uname"、"uaddr"、"umobile"，其中"uID"字段（标识列），"uname"、"uaddr"、"umobile"字段不为空。将包含有"userID"、"username"、"useraddr"、"usermobile"字段的"userInfo"表中"userID<3"的数据行插入到"VIPuserInfo"表中。创建"VIPuserInfo"表，使用 INSERT SELECT 语句将前两个数据行插入表中，将其列为 VIP 用户。

建立新的查询，输入 INSERT…SELECT 语句，如图 6-3 所示。

```
USE E_business_DB
CREATE TABLE VIPuserInfo
 (
 uID int PRIMARY KEY IDENTITY(1,1),
 uname varchar(50) NOT NULL,
 uaddr varchar(100) NOT NULL,
 umobile varchar(20) NOT NULL
 )
INSERT VIPuserInfo
 SELECT username,useraddr,usermobile
 FROM userInfo
 WHERE userId<3
```

图 6-3　向 VIPuserInfo 表插入记录

刷新数据库，编辑 VIPuserInfo 表的前 200 条记录，执行结果如图 6-4 所示。

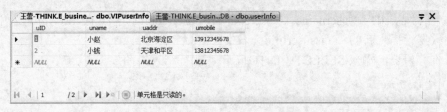

图 6-4　VIPuserInfo 表中的新记录

☞小提示

本例中由于目标表中的 "uID" 为标识列并且自增 1，在执行语句 SELECT 后的源表字段列表中不用写与之对应的 "userID" 字段，执行时会自动增 1。

任务 3　创建新表保存查询记录

▋任务描述

小王在对数据表操作时，有时需要将查询出的记录保存到一张新的表中，使用 SELECT…INTO 语句可以创建一张新表并保存查询结果。

▋任务要点

1. SELECT…INTO 语句的语法。
2. SELECT…INTO 语句创建表的方法。

▋任务实现

SELECT…INTO 语句与 INSERT…SELECT 语句用法类似，不同的是 INSERT…SELECT 语句是将数据插入到现有的表中，而 SELECT…INTO 语句将数据插入到新的表中，隐式创建新表。

1. 使用 SELECT…INTO 语句创建表

新建表包含源表中部分字段，从源表中查找数据并插入到新建表中，使用语法如下：

```
SELECT 字段列表
INTO新建表名称
FROM 源表
[WHERE 条件表达式]
```

SELECT 后的字段来源于源表，对源表中的对应列重命名，使用 AS 关键字语法如下：

```
字段1 AS 新列名，字段2 AS 新列名，……
```

2. 语句的作用

使用 SELECT…INTO 语句创建表与使用 INSERT…SELECT 语句类似，在转移数据的时候保留源表数据，在数据遗失时可以使用 INSERT…SELECT 语句重新输入。

使用 SELECT…INTO 语句可以有效地将数据分类，存放在不同的表中。在分类数据表损坏或缺失时，源表就是很好的备份。

3. 操作实例

【例 6-3】隐式建立一个新表 "missuserInfo" 用来保存女用户的信息。在 "E_business_DB"

数据库中将包含“userID”、“username”、“useraddr”和“usermobile”字段的“userInfo”表中“usersex”为“女”的数据行插入新的“missuserInfo”表中。

打开查询分析器，输入 SELECT…INTO 语句，执行结果如图 6-5 所示。

```
USE E_business_DB
SELECT userID,username,userAddr,userMobile
INTO missuserInfo
FROM userInfo
WHERE userSex='女'
```

图 6-5　向 missuserInfo 表中插入记录

刷新数据库，发现增加了新表“missuserInfo”，编辑表的前 200 条记录，其中只包含女用户的信息，且每位用户信息只有指定的四个字段，如图 6-6 所示。

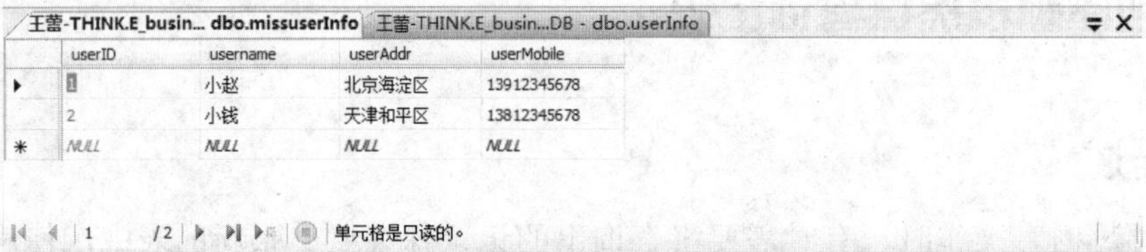

	userID	username	userAddr	userMobile
▶	1	小赵	北京海淀区	13912345678
	2	小钱	天津和平区	13812345678
*	NULL	NULL	NULL	NULL

图 6-6　missuserInfo 表中的记录

☞小提示

系统已默认将“userInfo”表列的数据类型即相关的标识列约束、NULL 约束和 NOT NULL 约束都定义在了“missuserInfo”表中。

任务 4　更新表中数据

任务描述

小王在管理数据表的过程中，遇到一些表记录需要定期地改变，这就需要及时更新表中的数据。

任务要点

1. UPDATE 语句的语法。
2. 使用 UPDATE 语句更新表记录。

任务实施

数据库中保存的数据是不会自动改变的，但大多数数据每隔一段时间就需要改变。例如，数据在插入时编辑有误、部分数据在不同时期的值不同等，这些都需要改变数据库的数据。商店促销商品的价格变化、物价上涨造成的商品价格变化、网站会员参加活动的积分变化等。

1. UPDATE 语句的基本语法

UPDATE 语句的组成元素包括关键字“UPDATE”、数据表名、关键字“SET”，设置属性为新值的表达式、关键字“WHERE”和条件，UPDATE 语句的语法格式如下：

```
UPDATE 表名
SET <字段名>=<新值 >[，<字段名n>=<新值n>]
[WHERE 条件表达式]
```

2．语句的作用

在 UPDATE 语句中，UPDATE 子句和 SET 子句是必需的，在 UPDATE 中必须指定将要更新的表的名称。关键字"SET"后面的一系列新值表达式由属性名、等号和新值组成，说明了要更新的数据在数据表中的列位置。关键字"WHERE"后面的条件表达式用于指定将要修改的数据在关系中的位置。因此关键字"SET"和"WHERE"完全能确定将要修改的数据的位置。

使用 UPDATE 语句修改表中的数据，可以修改一个或多个字段的值，也可以修改一行或多行。如果不使用 WHERE 子句，将改变指定列所有行的数值。这里要保证数据值的数据类型与字段数据类型一致。

3．操作实例

【例 6-4】在"E_business_DB"数据库中的"userInfo"表中"userId"为 3 的数据行中的"userPwd"数据值修改为"sun123"。

建立新的查询，执行结果如图 6-7 所示。

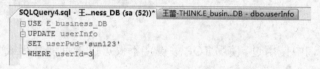

图 6-7　修改表数据

刷新数据库，查看表"userInfo"的前 200 条记录，"userId=3"的数据行中"userPwd"发生变化，如图 6-8 所示。

userId	username	userPwd	userAddr	userZip	userPhone	userMobile	userTruenar
1	小赵	123456	北京海淀区	100000	(010)12345678	13912345678	赵玲
2	小钱	123456	天津和平区	300000	(022)12345678	13812345678	钱薇
3	小孙	sun123	成都锦江区	610000	(028)12345678	15612345678	孙卜
4	小李	123456	徐州云龙区	221000	(0516)12345678	18012345678	李聚
*	NULL	NULL	NULL	NULL	NULL	NULL	NULL

图 6-8　表中数据更改成功

也可在 SQL Server Management Studio 界面更改表记录，在选定表的节点处右击并执行"编辑前 200 行"命令，直接修改并关闭当前窗口即可。

☞ 小提示

标识列不能修改；将原有数据修改为"NULL"时，必须保证该列允许为空，否则会出错。

任务 5　更新表中指定范围记录

▌▌任务描述

小王在更新表操作时，要求只修改前几条数据的内容，就需要在操作时限定操作的条数。

任务要点

1. UPDATE 语句的语法。
2. TOP 表达式更新行的方法。

任务实现

一个数据量很大的电子商务网站，在操作中只修改前几条数据的内容，就需要在操作时限定操作的条数，可以使用 TOP 表达式来实现。

1. 使用 TOP 表达式更新行语法

语法格式如下：

```
USE 数据库名
UPDATE TOP （数值或百分比 表名）
SET 字段=数据值
```

2. 语句的作用

TOP 关键字在数据查询中使用过，使用 TOP 关键字不仅可以查询前几行或前多少百分比的数据，也可以一次性修改这些数据。

3. 操作实例

【例 6-5】将数据库"E_business_DB"中数据表"userInfo"中前 50%的用户密码"userPwd"字段修改为"abc_123"，使其既包含字母、数字又包含符号。

建立新的查询，使用 TOP 关键字，执行结果如图 6-9 所示。

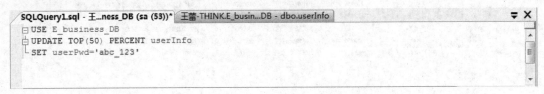

图 6-9　使用 TOP 关键字限定修改范围

刷新数据库，查看表"userInfo"的前 200 条记录，表中前 50%的记录，即两个的数据行中"userPwd"发生变化，如图 6-10 所示。

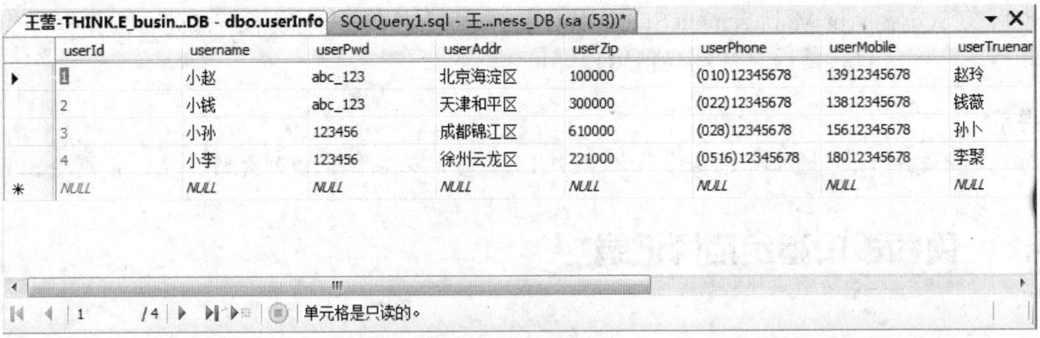

	userId	username	userPwd	userAddr	userZip	userPhone	userMobile	userTruenar
▶	1	小赵	abc_123	北京海淀区	100000	(010)12345678	13912345678	赵玲
	2	小钱	abc_123	天津和平区	300000	(022)12345678	13812345678	钱薇
	3	小孙	123456	成都锦江区	610000	(028)12345678	15612345678	孙卜
	4	小李	123456	徐州云龙区	221000	(0516)12345678	18012345678	李聚
*	NULL	NULL	NULL	NULL	NULL	NULL	NULL	NULL

图 6-10　表中前 50%的记录被修改

任务6　删除表中的记录

▌▌任务描述

　　小王对数据表维护的过程中，遇到一些不需要的数据需要删除，如注销的用户信息、下架商品信息、用户删除的日志等。

▌▌任务要点

　　1. DELETE 语句的语法。
　　2. DELETE 语句的基本使用方法。

▌▌任务实现

　　实际使用的项目中，经常见到不再需要的数据，如注销的用户信息、下架商品信息、用户删除的日志等。不需要的数据就要删除，以节省磁盘空间。删除数据可以使用图形界面和三种查询语句。

　　使用图形界面删除数据需要主观选择需要删除的行，难免会有遗漏，所以建议用户尽量使用语句删除。使用查询语句删除数据的方法有三种，分别是使用 DELETE 语句删除当前表数据、使用 TRUNCATE TABLE 语句删除全部数据及删除基于其他表的数据。

1. DELETE 语句的基本语法

　　使用 DELETE 语句可以通过 WHERE 条件表达式删除表或视图中的一行或多行数据，若省去 WHERE 表达式，将删除表或视图中的所有数据。

　　语法格式如下：

```
DELETE
FROM 表或视图名
WHERE 条件表达式
```

2. 语句的说明

　　（1）DELETE 语句只能删除整行数据，无法删除单个字段数据。
　　（2）DELETE 语句只能删除数据，无法删除表或视图。
　　（3）除了使用 WHERE 条件表达式，还可以使用 TOP 关键字指定删除的数据行。
　　（4）表与表之间的联系限定了一些数据不能随意删除。
　　（5）误删的数据需要尽快恢复，可以使用日志记录。

3. 操作实例

　　【例6-6】将"E_business_DB"数据库中数据表"productInfo"中"proID=5"的数据行删除。建立新的查询，使用 DELETE 语句，执行结果如图 6-11 所示。

```
SQLQuery2.sql - 王...ness_DB (sa (55))*    SQLQuery1.sql - 王...ness_DB (sa (53))*
USE E_business_DB
DELETE
FROM productInfo
WHERE proId=5
```

图 6-11　使用 DELETE 语句

刷新数据库，查看表"productInfo"的前 200 条记录，"userId=5"的数据行已经被删除，如图 6-12 所示。

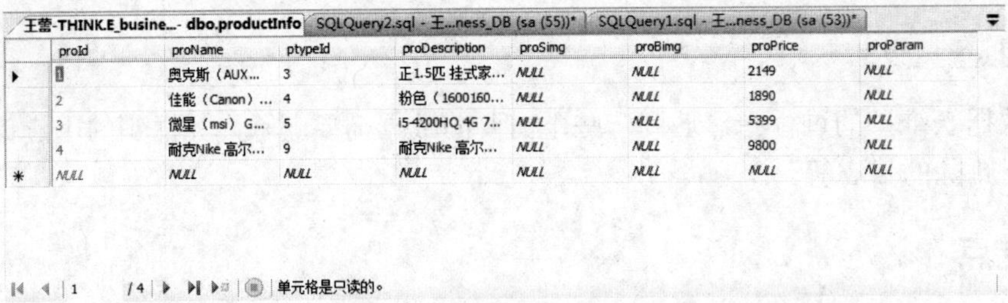

proId	proName	ptypeId	proDescription	proSimg	proBimg	proPrice	proParam
1	奥克斯（AUX...	3	正1.5匹 挂式家...	NULL	NULL	2149	NULL
2	佳能（Canon）...	4	粉色（1600160...	NULL	NULL	1890	NULL
3	微星（msi）G...	5	i5-4200HQ 4G 7...	NULL	NULL	5399	NULL
4	耐克Nike 高尔...	9	耐克Nike 高尔...	NULL	NULL	9800	NULL
*	NULL	NULL	NULL	NULL	NULL	NULL	NULL

图 6-12 删除记录后的表

第7章 索引与视图

在 SQL Server 2008 中,索引和视图主要起到辅助查询和组织数据的功能,通过使用它们,可以极大地提高查询数据的效率。但是,此二者的区别是:视图将查询语句压缩,使大部分查询语句放在服务端,而客户端只输入要查询的信息,而不用输入大量的查询代码,这其中也是一个封装的过程。而索引类似目录,使得查询更快速、更高效,适用于访问大型数据库。在本章中,将针对索引和视图的内容进行详细的讲解。

学习目标

1. 认识索引、索引结构和索引类型。
2. 掌握使用图形工具和 CREATE INDEX 创建索引。
3. 掌握索引的修改和删除,查看索引信息。
4. 理解视图的概念,掌握视图的类型和特点。
5. 掌握创建视图的方法。
6. 掌握视图信息的查看,掌握视图修改和删除。
7. 掌握使用 INSERT 插入数据和 UPDATE 更新数据。

任务 1 索引基础知识

任务描述

小王应聘××公司的数据库管理员,在面试中,主考官要求他对数据库的索引进行介绍。

任务要点

1. 索引的概念。
2. 索引的结构。
3. 索引的类型。

任务实现

1. 认识索引

1)索引的概念

索引就是加快检索表中数据的方法。数据库的索引类似于书籍的索引。在书籍中,索引允许用户不必翻阅完整个书就能迅速地找到所需要的信息。在数据库中,索引也允许数据库程序迅速地找到表中的数据,而不必扫描整个数据库。

2)索引的特点

(1)索引可以加快数据库的检索速度。

（2）索引降低了数据库插入、修改、删除等维护任务的速度。

（3）索引创建在表中，不能创建在视图中。

（4）索引既可以直接创建，也可以间接创建。

（5）可以在优化隐藏中使用索引。

（6）使用查询处理器执行 SQL 语句，在一个表中一次只能使用一个索引。

3）索引的优点

（1）创建唯一性索引，保证数据库表中每一行数据的唯一性。

（2）大大加快了数据的检索速度，这也是创建索引最主要的原因。

（3）加速表和表之间的连接，特别是在实现数据的参考完整性方面特别有意义。

（4）在使用分组和排序子句进行数据检索时，同样可以显著减少查询中分组和排序的时间。

（5）通过使用索引，可以在查询的过程中使用优化隐藏器，提高系统的性能。

4）索引的缺点

（1）创建索引和维护索引要耗费时间，这种时间随着数据量的增加而增加。

（2）索引需要占物理空间，除了数据表占数据空间之外，每一个索引还要占一定的物理空间，如果要建立聚集索引，那么需要的空间就会更大。

（3）当对表中的数据进行增加、删除和修改的时候，索引也要动态地维护，降低了数据的维护速度。

2．索引的结构

1）聚集索引

（1）定义：聚集索引是一种数据表的物理顺序与索引顺序相同的索引。

（2）特点。

① 表的数据按照索引的数据顺序排列。

② 每个数据表只能建立一个聚集索引，并且会在第一个建立，常常会在主键所在的列或最常查询的列上建立聚集索引。

③ 索引将占用用户数据库的空间，适合范围查询。

（3）使用注意事项。

① 定义聚集索引键时使用的列越少越好。

② 包含大量非重复值的列。

③ 使用下列运算符返回一个范围值的查询：BETWEEN、>、>=、< 和 <=。

④ 被连续访问的列。

⑤ 回大型结果集的查询。

经常被使用连接或 GROUP BY 子句的查询访问的列。一般来说，这些是外键列。对 ORDER BY 或 GROUP BY 子句中指定的列进行索引，可以使用 SQL Server 语句不必对数据进行排序，因为这些行已经排序，这样可以提高查询性能。

对于 OLTP 类型的应用程序，这些程序要求进行非常快速的单行查找（一般通过主键）。应在主键上创建聚集索引。

（4）聚集索引不适用于以下情况。

① 频繁更改的列。这将导致整行移动（因为 SQL Server 必须按物理顺序保留行中的数据值）。这一点要特别注意，因为在大数据量事务处理系统中数据是易失的。

② 宽键。来自聚集索引的键值由所有非聚集索引作为查找键使用，因此存储在每个非聚集索

引的条目内。

2）非聚集索引

（1）定义：一种数据表的物理顺序与索引顺序不相同的索引。

（2）特点：

① 索引与数据行的存放顺序无关。

② 索引作为表的附加信息。

③ 有利于单行查询，不利于范围查询。

（3）创建一个非聚集索引时，应该注意下列事项。

① 如果没有指定索引类型，那么默认的类型是非聚集索引。

② 索引页的叶级只包含索引的关键字，不包含实际的数据。

③ 每个表最多可以创建 249 个非聚集索引。

④ 聚集索引应在非聚集索引被创建之前创建。

⑤ 唯一性是由叶级维护的。

（4）以下情况发生时，SQL Server 会自动重建现有的非聚集索引。

① 删除现有的聚集索引时。

② 创建聚集索引时。

③ 使用 DROP_EXISTING 选项来改变聚集索引列的定义时。

3．索引的类型

1）唯一索引

唯一索引不允许两行具有相同的索引值。如果现有数据中存在重复的键值，则大多数数据库都不允许将新创建的唯一索引与表一起保存。当新数据将使表中的键值重复时，数据库也拒绝接受此数据。例如，如果在 stuInfo 表中的学员身份证号（stuID）列上创建了唯一索引，则所有学员的身份证号不能重复。

☞小提示

创建了唯一约束，将自动创建唯一索引。尽管唯一索引有助于找到信息，但为了获得最佳性能，建议使用主键约束或唯一约束。

2）主键索引

在数据库关系图中为表定义一个主键将自动创建主键索引，主键索引是唯一索引的特殊类型。主键索引要求主键中的每个值是唯一的。当在查询中使用主键索引时，还允许快速访问数据。

3）聚集索引

在聚集索引中，表中各行的物理顺序与键值的逻辑（索引）顺序相同。表只能包含一个聚集索引。例如，汉语字（词）典默认按拼音排序编排字典中的每页页码。拼音字母 a、b、c、d……x、y、z 就是索引的逻辑顺序，而页码 1、2、3……就是物理顺序。默认按拼音排序的字典，其索引顺序和逻辑顺序是一致的，即拼音顺序较后的字（词）对应的页码也较大。如拼音"ha"对应的字（词）页码就比拼音"ba"对应的字（词）页码靠后。

4）非聚集索引

如果不是聚集索引，表中各行的物理顺序与键值的逻辑顺序不匹配。聚集索引比非聚集索引有更快的数据访问速度。例如，按笔画排序的索引就是非聚集索引，"1"画的字（词）对应的页码可能比"3"画的字（词）对应的页码大（靠后）。

☞小提示

SQL Server 中，一个表只能创建 1 个聚集索引，多个非聚集索引。设置某列为主键，该列就默认为聚集索引。

任务 2　创建索引

▌▌任务描述

主考官要求小王分别使用图形工具和 CREATE INDEX 语句创建索引。

▌▌任务要点

1. 使用图形工具创建索引。
2. 使用 CREATE INDEX 语句创建索引。

▌▌任务实现

1. 使用图形工具创建索引

使用图形工具为数据库"E_business_DB"中的"orderInfo"表创建一个不唯一性的非聚集索引"orderId_index"，操作步骤如下。

（1）执行"开始"→"程序"→"Microsoft SQL Server 2008"→"SQL Server Management Studio"命令，使用 Windows 或 SQL Server 身份验证建立连接。

（2）在"对象资源管理器"中，单击"服务器"→"数据库"→"E_business_DB"→"dbo.orderInfo"节点，然后右击"索引"项，在弹出的快捷菜单中执行"新建索引"命令。

（3）在"新建索引"窗口的"常规"页面，可以配置索引的名称、选择索引的类型、是否为唯一索引等，如图 7-1 所示。

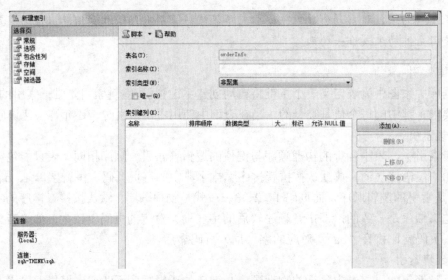

图 7-1　新建索引窗口

（4）单击"添加"按钮，打开"从'dbo.orderInfo'中选择列"窗口，在窗口中的"表列"列表中选中"orderId"复选框，如图 7-2 所示。

图 7-2　选择索引列

（5）单击"确定"按钮，返回到"新建索引"窗口，然后再单击"新建索引"窗口中的"确定"按钮，"索引"节点下便生成了一个名为"orderId_index"的索引，说明该索引创建成功，如图 7-3 所示。

图 7-3　创建好的索引

2. 使用 CREATE INDEX 创建索引

利用 Transact-SQL 语句中的 CREATE INDEX 命令创建索引。

语法格式如下：

```
CREATE [UNIQUE] [CLUSTERED| NONCLUSTERED ]
INDEX index_name ON { table | view } ( column [ ASC | DESC ] [ , ...n ] )
[with
[PAD_INDEX]
[[, ]FILLFACTOR=fillfactor][[, ]IGNORE_DUP_KEY]
[[, ]DROP_EXISTING]
    [[, ]STATISTICS_NORECOMPUTE]
[[, ]SORT_IN_TEMPDB]
```

```
    ]
    [ ON filegroup ]
```

语法参数的含义如下。

（1）UNIQUE：用于指定为表或视图创建唯一索引，即不允许存在索引值相同的两行。

（2）CLUSTERED：用于指定创建的索引为聚集索引。

（3）NONCLUSTERED：用于指定创建的索引为非聚集索引。

（4）index_name：用于指定所创建的索引的名称。

（5）table：用于指定创建索引的表的名称。

（6）view：用于指定创建索引的视图的名称。

（7）Column：用于指定被索引的列。

（8）ASC|DESC：用于指定具体某个索引列的升序排列或降序排序方向。

（9）PAD_INDEX：用于指定索引中间级中每个页（节点）上保持开放的空间。

（10）FILLFACTOR = fillfactor：用于指定在创建索引时，每个索引页的数据占索引页大小的百分比，fillfactor 的值为 1～100。

（11）IGNORE_DUP_KEY：用于控制当往包含于一个唯一聚集索引中的列中插入重复数据时 SQL Server 所做的反应。

（12）DROP_EXISTING：用于指定应删除并重新创建已命名的先前存在的聚集索引或非聚集索引。

（13）STATISTICS_NORECOMPUTE：用于指定过期的索引统计不会自动重新计算。

（14）SORT_IN_TEMPDB：用于指定创建索引时的中间排序结果将存储在 tempdb 数据库中。

（15）ON filegroup：用于指定存放索引的文件组。

【例 7-1】为表 "orderInfo" 创建了一个唯一聚集索引。

其语法格式如下：

```
CREATE UNIQUE CLUSTERED INDEX orderId _ind
    ON orderInfo (number)
with
    pad_index,
    fillfactor=20,
    ignore_dup_key,
    drop_existing,
    statistics_norecompute
```

【例 7-2】为表 "orderInfo" 创建了一个复合索引。

其语法格式如下：

```
create index orderInfo _cpl_ind
on orderInfo (orderInfo, userId)
with
    pad_index,
    fillfactor=50
```

任务 3 管理索引

▌▌ 任务描述

小王应聘××公司的数据库管理员，在面试中，主考官要求他对数据库的索引进行修改、删除和查看索引信息。

▌▌ 任务要点

1. 修改和删除索引。
2. 查看索引信息。

▌▌ 任务实现

1. 使用 ALTER INDEX 语句修改索引

ALTER INDEX 语句的基本语法格式如下：

（1）重新生成索引

```
ALTER INDEX index_name ON table_or_view_name REBUILD
```

（2）重新组织索引

```
ALTER INDEX index_name ON table_or_view_name RGORGANIZE
```

（3）禁用索引

```
ALTER INDEX index_name ON table_or_view_name DISABLE
```

上述语法中"index_name"表示所要修改的索引名称；"table_or_view_name"表示当前索引基于的表或视图名。

【例 7-3】使用 ALTER INDEX 语句将"orderInfo"表中的"orderId_index"索引修改为禁止访问。

其语法格式如下：

```
ALTER INDEX orderId_index ON orderInfo Disable
```

2. 更名索引

1）利用对象资源管理器更名索引

（1）启动 SQL Server Management Studio。

（2）在"对象资源管理器"窗口中，展开 SQL Server 实例，选中"数据库"→"E_Business_DB"→"表"→"dbo.orderInfo"→"索引"→"orderId_index"项并右击，然后在弹出的快捷菜单中选择"重命名"选项，如图 7-4 所示。

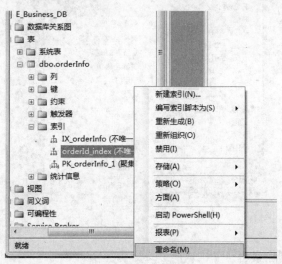

图 7-4　更改索引名

（3）所要更名的索引名处于编辑状态，输入新的索引名称"orderId_index_new"，如图 7-5 所示。

图 7-5　索引名称更改成功

2）利用系统存储过程更名索引

利用系统提供的存储过程 sp_rename 可以对索引进行重命名。

【例 7-4】将 "orderInfo" 表中的索引 "orderId_index" 更名为 "orderId_index_new"。
其语法格式如下：

```
Exec sp_rename 'orderInfo. orderId_index', ' orderId_index_new'。
```

3．删除索引

1）利用对象管理器删除索引

选中"数据库"→"E_Business_DB"→"表"→"dbo.orderInfo"→"索引"→"orderId_index_new"
项并右击，然后在弹出的快捷菜单中选择"删除"选项，如图 7-6 所示，在打开的"删除对象"对话
框中单击"确定"按钮即可删除索引。

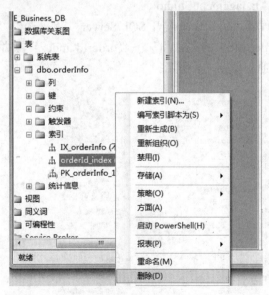

图 7-6　删除索引

2）利用 SQL 语句删除索引

删除索引的语法格式如下：

```
DROP INDEX table_name.index_name [, . . . n ]
```

其中，"index_name"为所要删除的索引的名称。删除索引时，不仅要指定索引，而且必须要指定索引所属的表。

【例 7-5】删除"orderInfo"表中的"orderId_index"索引。

语法格式如下：

```
DROP INDEX orderInfo. orderId_index
```

在删除索引时，要注意下面的一些情况。

（1）当执行 DROP INDEX 语句时，SQL Server 释放被该索引所占的磁盘空间。

（2）不能使用 DROP INDEX 语句删除由主键约束或唯一约束创建的索引。要想删除这些索引，必须先删除这些约束。

（3）当删除表时，该表全部索引也将被删除。

（4）当删除一个聚集索引时，该表的全部非聚集索引重新自动创建。

（5）不能在系统表上使用 DROP INDEX 语句。

4．查看索引统计信息

索引统计信息是查询优化器用来分析和评估查询、确定最优查询计划的基础数据。用户可以使用 DBCC SHOW_STATISTICS 命令来查看指定索引的信息，也可以使用图形工具来查看索引的信息。

DBCC SHOW_STATISTICS 命令可以用来返回指定表或视图中特定对象的统计信息，这些特定对象可以是索引、列等。下面使用该命令查看"E_Business_DB"系统中"orderInfo"表中的"orderId_index"索引的统计信息，返回结果如图 7-7 所示。

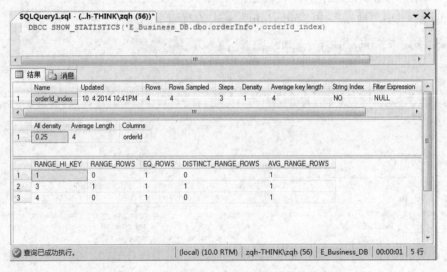

图 7-7 "orderId_index"索引的统计信息

可以看出这些统计信息包括三部分，即统计标题信息、统计密度信息和统计直方信息。统计标题信息主要包括表中的行数、统计的抽样行数、所有索引列的平均长度等，统计密度信息主要包括索引列前缀集的选择性、平均长度等信息；统计直方图信息即为显示直方略方图时的信息。

除了使用上面的方式查看索引统计信息外，还可以使用 SQL Server Management Studio 图形化工具查看统计信息。在"对象资源管理器"窗口中，展开"orderInfo"→"统计信息"节点，然后右击所要查看统计信息的索引（如 orderId_index），在弹出的快捷菜单中选择"属性"选项，打开"统计信息属性"窗口，在"选择页"栏中选择"详细信息"选项，就能看到当前索引的统计信息，如图 7-8 所示。

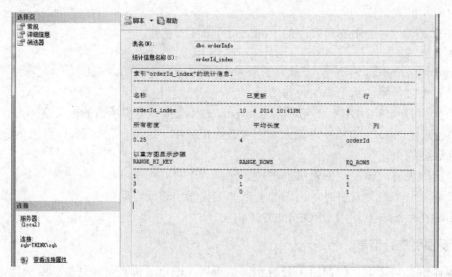

图 7-8 统计信息属性窗口

5. 查看索引的索引信息

在 Microsoft SQL Server 2008 系统中，可以使用两种方式查看有关索引的碎片信息：使用 SYS.DM_DB_INDEX_PHYSICAL_STATS 系统函数和直观地使用 SQL Server Management Studio 图形化工具，如图 7-9 所示的示例中，使用 SYS.DM_DB_INDEX_PHYSICAL_STATS 系统函数查看了"E_Business_DB"数据库中"orderInfo"表中所有索引的碎片信息。

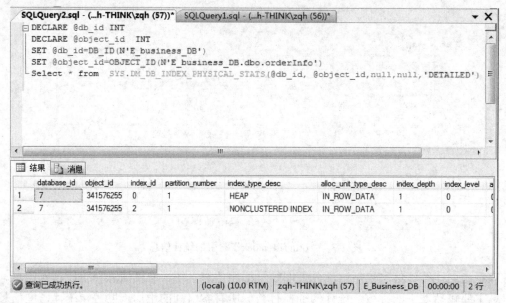

图 7-9 查看索引碎片信息

除了使用 SYS.DM_DB_INDEX_PHYSICAL_STATS 系统函数外，还可以使用 SQL Server Management Studio 图形化工具查看碎片信息。在"对象资源管理器"窗口中，右击所要查看碎片信息的索引，在弹出的快捷菜单中选择"属性"选项，打开"索引属性"窗口，在"选择页"栏中选择"碎片"选项，就能看到当前索引的碎片信息，如图 7-10 所示。

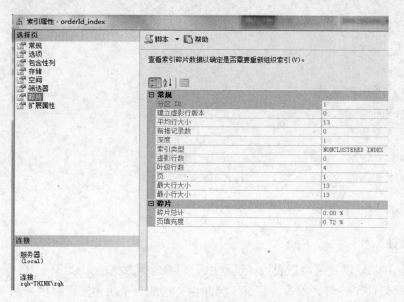

图 7-10　"索引属性"窗口碎片信息

6. 使用系统存储过程查看索引信息

使用系统存储过程 sp_helpindex 可以查看特定表上的索引信息。

【例 7-6】查看数据库"E_Business_DB"中"orderInfo"表的索引信息。

语法格式如下：

```
EXEC  SP_HELPINDEX  orderInfo
```

执行上面的语句后，返回结果如图 7-11 所示。结果显示了"orderInfo"表中的所有索引的名称、类型和建立索引的列。

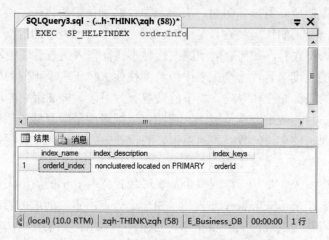

图 7-11　查看"orderInfo"表中的索引信息

任务 4　认识视图

▌▌ 任务描述

小王应聘××公司的数据库管理员，在面试中，主考官要求他对数据库的视图进行介绍，并对创建视图进行操作。

▌▌任务要点

1. 了解引入视图的原因。
2. 了解视图的概念。
3. 了解视图的类型。
4. 了解视图的特点。
5. 掌握创建视图的方法。

▌▌任务实现

1. 视图概述

在数据查询中，可以发现数据表设计过程中需要考虑到数据的冗余度低、数据一致性等问题，通常对数据表的设计也要满足算式的要求，因此也会造成一个实体的所有信息保存在多个表中的现象。当检索数据时，往往在一个表中不能得到想要的所有信息。

为了解决这种矛盾，在 SQL Server 中提供了视图。

1）引入视图的原因

数据存储在表中，对数据的操作主要是通过表进行的。但是，仅通过表操作数据会带来一系列的性能、安全、效率等问题。下面对这些问题进行分析。

（1）从业务数据的角度来看，由于数据库设计时考虑到数据异常等问题，同一种业务数据有可能被分散在不同的表中，但是对这种业务数据的使用经常是同时使用的。

（2）从数据安全的角度来看，由于工作性质和需求不同，不同的操作人员只能查看表中的部分数据，不能查看表中的所有数据。例如，人事表中存储了员工的代码、姓名、出生日期、薪酬等信息。一般情况下，员工的代码和姓名是所有操作人员都可以查看的数据，但是薪酬等信息则只能由人事部门管理人员查看，如何有效地解决这种不同操作人员查看表中不同数据的问题呢？

（3）从数据应用的角度来看，一个报表中的数据往往来自于多个不同的表。在设计报表时，需要明确地指定数据的来源途径和方式。能不能采取有效手段，提高报表的设计效率呢？

解决上述问题的一种有效手段就是视图。视图可以把表中分散存储的数据集成起来，让操作人员通过视图而不是通过表来访问数据，提高报表的设计效率。

2）视图的概念

视图是一种数据库对象，是从一个或多个基表（或视图）导出的虚拟表。视图的结构和数据是对数据表进行查询的结果。SQL Server 视图是由一个查询所定义的虚拟表，它与物理表不同的是，视图中的数据没有物理表现形式，除非为其创建一个索引；如果查询一个没有索引的视图，SQL Server 实际访问的是基础表。

如果要创建一个 SQL Server 视图，为其指定一个名称和查询即可。SQL Server 只保存视图的元数据，用户描述这个对象，以及它所包含的列、安全等。当查询视图时，无论是获取数据还是更新数据，SQL Server 都用视图的定义来访问基础表。

SQL Server 视图在日常操作中也扮演着许多重要的角色，如可以利用视图访问经过筛选和处理的数据，而不是直接访问基础表，以及在一定程度上也保护了基础表。

在创建 SQL Server 视图的时候，需要遵守以下两个规则。

（1）不能在视图定义中指定 ORDER BY 的顺序。

（2）所有的列必须有列名，这些所有的列名必须唯一。

视图可以是一个数据表的一部分，也可以是多个基表的联合；视图也可以由一个或多个其他视图产生。视图上的操作和基表类似，但是 DBMS 对视图的更新操作（INSERT、DELETE、UPDATE）往往存在一定的限制。DBMS 对视图进行的权限管理和基表也有所不同，这在后面将进行分析。

3）视图的类型

在 Microsoft SQL Server 2008 系统中，可以把视图分为三种类型，即标准视图、索引视图和分区视图。

（1）标准视图：一般情况下创建的用于对用户数据表进行查询、修改等操作的视图都是标准视图，它是一个虚拟表，不占物理存储空间，也不保存数据。

（2）索引视图：如果要提高聚合多行数据的视图性能，可以创建索引视图。索引视图是被物理化的视图，它包含经过计算的物理数据。

（3）分区视图：通过使用分区视图，可以连接一台或多台服务器中成员表中的分区数据，使得这些数据看起来就像来自一个表中一样。

在这里只讲解标准视图。

4）视图的特点

视图具备了数据表的一些特性，数据表可以完成的功能，如查询、修改（虽然在修改记录时有些限制）、删除等操作，在视图中都可以完成。同时，视图也和数据表一样能成为另一个视图所引用的表。

视图有以下几个优点。

（1）简化查询语句

通过视图可以将复杂的查询语句变得很简单。利用视图，用户不必了解数据库及实际表的结构，就可以方便地使用和管理数据。因为可以把经常使用的连接、投影和查询语句定义为视图，这样在每一次执行相同查询时，不必重新编写这些复杂的语句，只要一条简单的查询视图语句就可以实现相同的功能。因此，视图向用户隐藏了对基表数据筛选或表与表之间连接等复杂的操作，简化了对用户操作数据的要求。

（2）增强可读性

由于在视图中可以只显示有用的字段，并且可以使用字段别名，因此能方便用户浏览查询的结果。在视图中只显示用户感兴趣的某些特定数据，而那些不需要的或无用的数据则不在视图中显示出来。视图还可以让不同的用户以不同的方式查看同一个数据集内容，体现数据库的"个性化"要求。

（3）保证数据逻辑独立性

视图对应数据库的外模式。如果应用程序使用视图来存取数据，那么当数据表的结构发生改变时，只需更改视图定义的查询语句即可，不需要更改程序，方便程序的维护，保证了数据的逻辑独立性。

（4）增加数据的安全性和保密性

针对不同的用户，可以创建不同的视图，此时的用户只能查看和修改其所能看到的视图中的数据，而真正的数据表中的数据甚至连数据表都是不可见、不可访问的，这样可以限制用户浏览和操作的数据内容。另外视图所引用的表的访问权限与视图的权限设置也是相互不影响的，同时视图的定义语句也可以加密。

2. 创建视图

1）使用 SQL 语句创建视图

在 SQL Server 2008 中，使用 CREATE VIEW 语句创建视图。

语法格式如下：

```
CREATE VIEW [ schema_name . ] view_name  [ (column [ , ...n ] ) ]
 [ WITH <view_attribute> [ , ...n ] ]
AS
 select_statement
[ WITH CHECK OPTION ]
<view_attribute> ::=
{ [ ENCRYPTION ]   [ SCHEMABINDING ]  [ VIEW_METADATA ]    }
```

其中语法参数的含义如表 7-1 所示。

表 7-1 相关参数的含义

参数名	含义
schema_name	视图所属架构名
view_name	视图名
column	视图中所使用的列名，一般只有列是从算术表达式、函数或常量派生出来的或列的指定名称不同于来源列的名称时，才需要使用
select_statement	搜索语句
WITH CHECK OPTION	强制针对视图执行的所有数据修改语句都必须符合在 select_statement 中设置的条件
ENCRYPTION	加密视图
SCHEMABINDING	将视图绑定到基础表的架构
VIEW_METADATA	指定为引用视图的查询请求浏览模式的元数据时，SQL Server 实例将向 DB-Library、ODBC 和 OLE DB API 返回有关视图的元数据信息，而不返回基表的元数据信息

下面使用 CREATE VIEW 语句，创建一个基于"productInfo"表的视图"productInfo_view"。该视图要求包含列：编号（proId）、商品名称（proName）、商品类别 ID（ptypeId）、商品描述（proDescription）、商品价格（proPrice），并要求显示商品类别 ID 为 5 的相关信息，不允许查看该视图的定义语句。创建这个视图可以使用如下语句：

```
CREATE VIEW productInfo_view (proId, proName, ptypeId, proDescription,
proPrice)
    as
    select proId, proName, ptypeId, proDescription, proPrice from productInfo$
    where ptypeId =5
    go
    select * from  productInfo_view
```

执行上面的语句后，使用 SELECT 语句查询"productInfo_view"视图，执行结果如图 7-12 所示。

图 7-12 查询创建好的"productInfo_view"视图

2）使用图形化工具创建视图

【例 7-7】为数据库"E_business_DB"创建一个视图，要求连接"productInfo"表和"orderInfo"表。

操作步骤如下。

（1）在 SQL Server Management Studio 中，选中"数据库"→"E_Business_DB"→"视图"项并右击，在弹出的快捷菜单中选择"新建视图"选项。

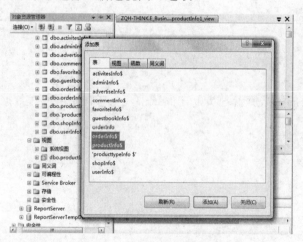

图 7-13 创建视图并添加表

（2）打开"添加表"对话框，在该对话框中可以看到，视图的基表可以是表，也可以是视图、函数和同义词。在表中选择"productInfo"表和"orderInfo"表，如图 7-13 所示。

（3）单击"添加"按钮，如果还需要添加其他表，则可以继续选择添加基表；如果不再需要添加，则可以单击"关闭"按钮，关闭"添加表"对话框。

（4）在视图窗口的"关系图"窗格中，显示了"productInfo"表和"orderInfo"表的全部列信息，在此可以选择视图查询的列，如选择"productInfo"表中的列"proName"、"proPrice"和"orderInfo"表中的列"orderId"。对应地，在"条件"窗格中列出了选择的列。在"显示SQL"窗格中显示了两表的连接语句，表示这个视图包含的数据内容，则可以单击"执行 SQL"

按钮 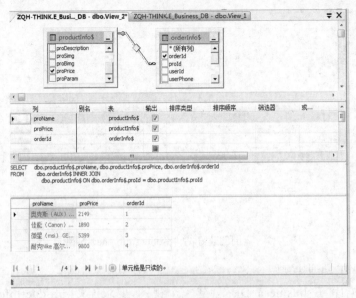，在"显示结果"窗格中显示查询出的结果集，如图 7-14 所示。

图 7-14　设置视图的查询条件

（5）单击"保存"按钮，在弹出的"选择名称"对话框中输入视图名称"productInfo1_view"，单击"确定"按钮，就可以看到"视图"节点下增加了一个视图"productInfo1_view"。

任务 5　管理视图

▌▌ 任务描述

小王应聘××公司的数据库管理员，在面试中，主考官要求他对数据库的视图进行介绍。

▌▌ 任务要点

1. 修改和删除视图。
2. 查看视图信息。

▌▌ 任务实现

1. 修改和删除视图

修改和删除视图与创建视图一样有两种方式，使用图形工具和 SQL 语句修改和删除视图。

1）使用图形工具修改和删除视图

【例 7-8】使用图形工具修改和删除视图数据库"E_Business_DB"中的一个视图"productInfo1_view"。

操作步骤如下。

（1）在 SQL Server Management Studio 中，选择"数据库"→"E_Business_DB"→"视图"节点。

（2）右击"productInfo1_view"视图，在弹出的快捷菜单中选择相应的命令。这里可以选择"设计"或"删除"命令，如图 7-15 所示。

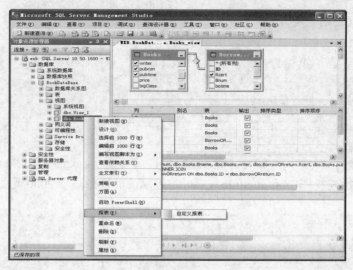

图 7.15　删除和修改视图

（3）如果选择"删除"选项，则在打开的对话框中单击"确定"按钮，即可完成删除操作。如果选择"设计"选项，则会打开一个与创建视图一样的窗口，如图 7-16 所示，用户可以在该窗口中修改视图的定义，比如，可以重新添加表或删除一个表，还可以重新选择表中的列。修改完毕之后，单击"保存"按钮即可。

图 7-16　修改视图窗口

2．使用 SQL 语句修改和删除视图

1）使用 ALTER VIEW 语句修改视图

使用 SQL 语句修改视图的定义需要使用 ALTER VIEW 语句，ALTER VIEW 语句的语法与

CREATE VIEW 语句的语法类似。

其语法格式如下：

```
ALTER VIEW [ schema_name . ] view_name  [ (column [ , ...n ] ) ]
 [ WITH <view_attribute> [ , ...n ] ]
AS
 select_statement
 [ WITH CHECK OPTION ]
<view_attribute> ::=
 { [ ENCRYPTION ]    [ SCHEMABINDING ]  [ VIEW_METADATA ]     }
```

【例 7-9】修改所建视图 "productInfo_view"，显示商品价格高于 2000 元的商品名称。

语法格式如下。

```
alter view productInfo_view
as
select proId, proName,  ptypeId, proDescription,  proPrice from productInfo$
where proPrice>=2000
go
select * from  productInfo_view
```

执行语句后，使用 SELECT 语句查询 productInfo_view，执行结果如图 7-17 所示。可以发现该视图的显示类别为商品价格高于 2000 元的商品信息。

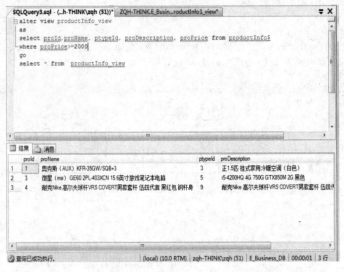

图 7-17   修改后的 "productInfo_view" 视图显示结果

2）使用 DROP VIEW 语句删除视图

如果视图不再需要了，通过执行 DROP VIEW 语句，可以把视图的定义从数据库中删除。删除一个视图，就是删除其定义和赋予它的全部权限。删除一个表并不能自动删除引用该表的视图，因此，视图必须明确地删除。在 DROP VIEW 语句中，可以同时删除多个不再需要的视图。

DROP VIEW 语句的基本语法格式如下：

```
DROP VIEW view_name
```

使用 DROP VIEW 语句删除视图 "productInfo_view"，可以使用如下语句：

```
DROP VIEW productInfo_view
```

删除一个视图后，虽然它所基于的表和数据不会受到任何影响，但是依赖于该视图的其他对象或查询将会在执行时出现错误。

注意：删除视图后重建与修改视图不一样。删除一个视图，然后重建该视图，那么必须重新指定视图的权限。但是，当使用 ALTER VIEW 语句修改视图时，视图原来的权限不会发生变化。

3. 查看视图的基本信息

在企业管理器中查询视图的基本信息，可以使用系统存储过程 SP_HELP 来显示视图的名称、拥有者和创建时间等信息。例如，查看视图"productInfo1_view"的基本信息，可以使用如下语句：

```
SP_HELP productInfo1_view
```

执行上述语句后，执行结果如图 7-18 所示。

图 7-18　"productInfo1_view"的基本信息

1）查看视图的文本信息

如果视图在创建或修改时没有被加密，那么可以使用系统存储过程 SP_HELPTEXT 来显示视图定义的语句，否则，如果视图被加密，那么连视图的拥有者和系统管理员都无法看到它的定义。例如，查看视图"productInfo1_view"的文本信息，可以使用如下语句：

```
SP_HELPTEXT productInfo1_view
```

执行上面的语句后，显示"productInfo1_view"视图的文本信息，如图 7-19 所示。

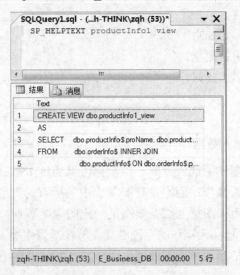

图 7-19　"productInfo1_view"视图的文本信息

2）查看视图的依赖关系

有时候需要查看视图与其他数据库对象之间的依赖关系。例如，视图在哪些表的基础上创建。

又有哪些数据库对象的定义引用了该视图等。可以使用系统存储过程 SP_depends 查看。例如，查看"productInfo1_view"视图的依赖关系可以使用如下语句：

```
SP_depends productInfo1_view
```

执行上面的语句后，结果如图 7-20 所示。

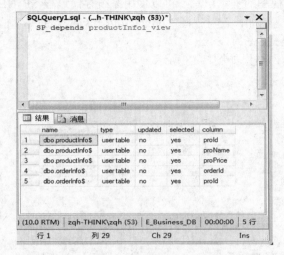

图 7-20　"productInfo1_view"的依赖关系

任务6　通过视图修改数据

任务描述

小王应聘××公司的数据库管理员，在面试中，主考官要求他通过视图修改数据。

任务要点

1. 使用 INSERT 语句插入数据。
2. 使用 UPDATE 语句更新数据。
3. 使用 DELETE 语句删除数据。

任务实现

1. 使用 INSERT 语句插入数据

使用视图插入数据与在基表中插入数据一样，都可以通过 INSERT 语句来实现。插入数据的操作是针对视图中的列的插入操作，而不是针对基表中的所有的列的插入操作。由于进行插入操作视图不同于基表，因此使用视图插入数据要满足一定的限制条件：

（1）使用 INSERT 语句进行插入操作的视图必须能够在基表中插入数据，否则插入操作会失败。

（2）如果视图上没有包括基表中所有属性为"NOT NULL"的行，那么插入操作会由于那些列的 NULL 值而失败。

（3）如果在视图中包含使用统计函数的结果，或者是包含多个列值的组合，则插入操作不成功。

（4）不能在使用了 DISTINGCT 语句，GROUP BY 语句或 HAVING 语句的视图中插入数据。

（5）如果创建视图的 CREATE VIEW 语句中使用了 WITH CHECK OPTION 子句，那么所有对视图进行修改的语句必须符合 WITH CHECK OPTION 中限定的条件。

（6）对于由多个基表连接而成的视图来说，一个插入操作只能作用于一个基表上。

【例 7-10】在数据库"E_Business_DB"中，基于"productInfo"表创建一个名为"productInfo2_view"的视图。该视图包含列编号（proId）、商品名称（proName）及商品价格（proPrice）等信息，并且只显示商品价格大于 4000 元的商品信息。

创建该视图的语句如下：

```
Use E_business_DB
go
CREATE VIEW productInfo2_view （proId，proName，proPrice）
AS
SELECT proId，proName，proPrice
From productInfo$
Where proPrice>=4000
Go
select * from productInfo2_view
```

执行上述语句后，使用 SELECT 语句查看该视图的信息，执行结果如图 7-21 所示。

图 7-21 "productInfo2_view"视图信息

下面向"productInfo2_view"视图中插入一条数据，该条数据信息编号为"7"，商品名称为"荣升冰箱"，商品价格为"4300"。实现上述操作，可以使用下面的语句：

```
Insert into productInfo2_view
Values （7，'荣升冰箱'，4300）
```

执行上述语句后，结果如图 7-22 所示。

图 7-22 插入视图记录

2. 使用 UPDATE 语句更新数据

在视图中更新数据也与在基表中更新数据一样，但是当视图基于多个基表中的数据时，与插入操作一样，每次更新操作只能更新一个基表中的数据。在视图中同样使用 UPDATE 语句进行更新操作，而且更新操作也受到与插入操作一样的限制条件。

【例 7-11】在前面视图"productInfo2_view"中，将商品编号为"3"的商品价格更新为"4399"。语法格式如下：

```
use E_business_DB
go
Update productInfo2_view
Set proPrice =4399
Where proId =3
Go
```

执行上述语句操作后，结果如图 7-23 所示。

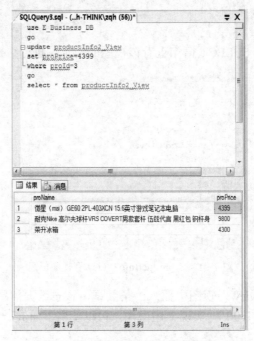

图 7-23　更新后的视图及基表信息

注意：如果通过视图修改多于一个基表中的数据时，则对不同的基表要分别使用 UPDATE 语句来实现，这是因为每次只能对一个基表中的数据进行更新。

3. 使用 DELETE 语句删除数据

通过视图删除数据与通过基表删除数据的方式一样，在视图中删除的数据同时在基表中也被删除。当一个视图连接了两个以上的基表时，对数据的删除操作是不允许的。

【例 7-12】删除视图"productInfo2_view"中商品名称为"荣升冰箱"的商品信息。语法格式如下：

```
DELETE FROM productInfo2_view
Where proName ='荣升冰箱'
```

执行上述语句后，结果如图 7-24 所示。

图 7-24　执行删除操作后的视图

第8章 存储过程与触发器

在大型数据库系统中，存储过程和触发器具有很重要的作用。无论是存储过程还是触发器，都是 SQL 语句和流程控制语句的集合。就本质而言，触发器也是一种存储过程。存储过程在运算时生成执行方式，所以，以后对其再运行时其执行速度很快。SQL Server 2008 不仅提供了用户自定义存储过程的功能，而且也提供了许多可作为工具使用的系统存储过程。

学习目标

1. 了解 SQL Server 2008 存储过程的基本概念、特点、作用和分类。
2. 掌握创建存储过程和执行存储过程的方法。
3. 掌握存储过程参数的定义、输入、输出、默认值和管理。
4. 了解 SQL Server 2008 触发器的基本概念、功能、特点和分类。
5. 掌握创建 DML 触发器的方法。
6. 掌握 DDL 触发器的创建方法。
7. 掌握管理触发器的方法。

任务 1 存储过程

任务描述

小王应聘××公司的数据库管理员，面试中，主考官要求他介绍存储过程。

任务要点

1. 了解 SQL Server 2008 存储过程的基本概念、特点、作用和分类。
2. 掌握创建存储过程和执行存储过程的方法。
3. 掌握存储过程参数的定义、输入、输出、默认值和管理。

任务实现

1. 存储过程的概述

1）存储过程的概念

存储过程是一组为了完成特定功能的 SQL 语句集合，它经过编译后存储在数据库中。用户通过存储过程的名称来调用执行存储过程，也可以传递参数来执行。

存储过程存储在 SQL Server 2008 服务器中，是一种有效封装重复性操作的方法，有了存储过程之后，与数据库的交互编写的一系列 SQL 语句，就可以用一条语句调用相应的存储过程来完成。由于代码存储在数据库中，可以在不同的应用程序或查询窗口中不断地重复利用那些代码。

2）存储过程的特点

（1）接受输入参数并以输出参数的格式向调用过程或批处理返回多个值。

（2）包含用于在数据库中执行操作（包括调用其他过程）的编程语句。

（3）向调用过程或批处理返回状态，以指明成功或者失败。

3）简单的存储过程示例

以下是在查询窗口建立的简单存储过程的示例和执行结果。这个存储过程的实现功能如下：

从"E_business_DB"库的"productInfo"表中取出第一条记录内容。

```
USE E_business_DB
GO
CREATE PROC proGetProductInfo
AS
SELECT TOP 1 proName, proDescription, proPrice
FROM productInfo
```

创建完上面的语句后，使用下面的命令可以执行该存储过程。

```
EXEC proGetProductInfo
```

查询的结果如图 8-1 所示。

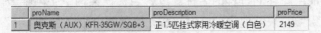

图 8-1 执行"proGetProductInfo"存储过程的结果

4）存储过程的分类

存储过程是一个被存储在服务器上的 Transact-SQL 语句的集合，通过应用程序调用存储程序，完成指定的数据库操作，它是一种代码复用的技术，可以大大提高编制程序的速度和程序运行的效率。存储过程主要分为三类：系统存储过程、用户自定义存储过程和扩展性存储过程。

（1）系统存储过程。系统存储过程是由 SQL Server 系统提供的存储过程，可以作为命令执行各种操作。系统存储过程主要用来从系统表中获取信息，为系统管理员管理 SQL Server 提供帮助，为用户查看数据库对象提供方便。

系统存储过程定义在系统数据库"master"中，其前缀是"sp_"。在调用时不必在存储过程前加上数据库名。

（2）用户自定义存储过程。用户自定义存储过程是指用户根据自身需要，为完成某一特定功能，在用户数据库中创建的存储过程。用户自定义存储过程可以接受输入参数、向客户端返回表格或者标量结果和消息、调用数据定义语言（DDL）和数据操作语言（DML），然后返回输出参数。在 SQL Server 2008 中，用户自定义的存储过程有两种类型：Transact-SQL 和 CLR。

① Transact-SQL。Transact-SQL 存储过程是指保存的 Transact-SQL 语句集合，可以接受和返回用户提供的参数。存储过程也可能从数据库向客户端应用程序返回数据。

② CLR。CLR 存储过程是指对"Microsoft .NET Framework"公共语言运行时方法的引用，可以接收和返回用户提供的参数。它们在".NET Framework"程序集中是作为类的公共静态方法实现的。

（3）扩展存储过程。扩展存储过程以在 SQL Server 环境外执行的动态链接库（Dynamic-Link Librar-ies，DLL）来实现。扩展存储过程通过前缀"xp_"来标识，它们以与存储过程相似的方式来执行。

2. 认识备份的对象

数据库备份的对象可分为系统数据库和用户数据库两部分，系统数据库记录了重要的系统信息，用户数据库则记录了用户的数据。对于 SQL Server 2008 来说，数据库的备份对象具体是指数据库中的表、用户定义的对象和数据等。

3. 创建存储过程

1）使用 CREATE PROCEDURE 语句创建存储过程

（1）CREATE PROCEDURE 语句

语法格式如下：

```
CREATE PROCDURE procedure_name[;number]
[{@parameter data_type}
[VARYING][=default][OUTPUT]][, …n]
[WITH
{ RECOMPILE | ENCRYPTION | RECOMPILE, ENCRYPTION}]
[FOR REPLICATION]
AS sql_statement[…n]
```

主要参数含义如下。

① procedure_name：新存储过程的名称。过程名称在架构中必须唯一，可在 procedure_name 前面使用一个数字符号"#"来创建局部临时过程，使用两个数字符号"##"来创建全局临时过程。对于 CLR 存储过程，不能指定临时名称。

② ;number：是可选的整数。用来对同名的过程分组。使用一个 DROP PROCEDURE 语句可将这些分组过程一起删除。如果名称中包含分隔标识符，则数字不应该包含在标识符中；只应在"procedure_name"前使用分隔符。

③ @parameter：过程中的参数。在 CREATE PROCEDURE 语句中可以声明一个或多个参数。除非定义了参数的默认值或将参数设置为另一个参数，否则用户必须在调用过程时为每个声明的参数提供值，如果指定了 FOR REPLICATION，则无法声明参数。

④ Data_type：参数的数据类型。所有数据类型均可以用作存储过程的参数。不过 cursor 数据类型只能用于 OUTPUT 参数。如果指定的数据类型为 cursor，则还必须指定"VARYING"和"OUTPUT"关键字。对于 CLR 存储过程，不能指定 char、varchar、text、next、image、cursor 和 table 作为参数。如果参数的数据类型为 CLR 用户定义类型，则必须对此类型有 EXECUTE 权限。

⑤ default：参数的默认值。如果定义了 default 值，则无须指定此参数的值即可执行过程。默认值必须是常量或 NULL。如果过程使用带"like"关键字的参数，则可包含通配符%、_、[] 和[^]。

⑥ Output：指示参数是输出参数。此选项的值可以返回给调用 EXECUTE 的语句。使用 OUTPUT 参数将值返回给过程的调用方。除非是 CLR 过程，否则 text、ntext 和 image 参数不能用作 OUTPUT 参数。OUTPUT 关键字的输出参数可以为游标占位符，CLR 过程除外，<sql_statement>要包含在过程中的一个或多个 SQL 语句中。

注意：必须具有 CREATE PROCEDURE 权限才能创建存储过程，存储过程是架构作用域中的对象，只能在本地数据库中创建存储过程。

（2）使用 CREATE PROCEDURE 语句创建存储过程的规则

在设计和创建存储过程时，应该满足一定的约束和规则。只有满足了这些约束和规则才能创建有效的存储过程。

CREATE PROCEDURE 定义自身可以包括任意数量和类型的 SQL 语句，但表 8-1 中所列的语句除外。因为不能在存储过程的任何位置使用这些语句。

表 8-1　CREATE PROCEDURE 定义中不能出现的语句

CREATE AGGREGATE	CREATE RULE
CREATE DEFAULT	CREATE SCHEMA
CREATE 或 ALTER FUNCTION	CREATE 或 ALTER TRIGGER
CREATE 或 ALTER PROCEDURE	CREATE 或 ALTER VIEW
SET PARSEONLY	SET SHOWPLAN_ALL
SET SHOWPLAN_TEXT	SET SHOWPLAN_XML
USE Database_name	

① 可以引用在同一存储过程中创建的对象，只要引用时已经创建了该对象即可。

② 可以在存储过程内引用临时表。

③ 如果在存储过程内创建本地临时表，则临时表仅为该存储过程而存在；退出该存储过程后，临时表将消失。

④ 如果执行的存储过程将调用另一个存储过程，则被调用的存储过程可以访问由第一个存储过程创建的所有对象，包括临时表在内。

⑤ 如果执行对远程 SQL Server 2008 实例进行更改的远程存储过程，则不能回滚这些更改，而且远程存储过程不参与事务处理。

⑥ 存储过程中的参数的最大数目为 2100。

⑦ 存储过程中的局部变量的最大数目仅受可用内存的限制。

⑧ 根据可用内存的不同，存储过程最大可达 128MB。

（3）应用举例

【例 8-1】为数据库"E_business_DB"创建一个存储过程，要求能够列出所有会员的基本信息（基于"orderInfo"表），过程命名为"proDisplayUserInfo"。

操作步骤如下。

① 在"对象资源管理器"中，单击"新建查询"按钮，在新建的查询窗口中，输入以下 SQL 语句。

```
USE E_business_DB
GO
CREATE PROCEDURE proDisplayUserInfo
AS
SELECT userId, userTrueName, userAddr, userZip, userPhone, userMobile
FROM userInfo
```

② 单击"执行"按钮，在"对象资源管理器"中，"服务器"→"数据库"→"E_business_DB"→"可编程性"→"存储过程"节点下增加了"dbo.proDisplayUserInfo"节点，即为新建的存储过程文件。执行结果如图 8-2 所示。

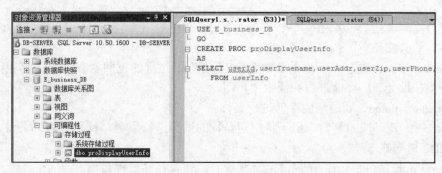

图 8-2　新建存储过程文件

2）使用图形工具创建存储过程

（1）使用图形工具创建以上示例的操作步骤如下，执行结果如图 8-3 所示。

图 8-3 存储过程文件模板

① 打开 SQL Server Management Studio 窗口，连接到"E_business_DB"数据库。

② 展开"服务器"→"数据库"→"E_business_DB"→"可编程性"节点。

③ 右击"可编程性"节点，选择"新建存储过程"选项，打开查询窗口，即是创建存储过程的模板文件。

④ 在存储过程模板文件中，用前例中的存储过程代码，替换模板中创建存储过程文件的代码。然后单击"执行"按钮，存储过程创建完成。

⑤ 存储过程建立完成后，使用 SQL EXCUTE 语句完成。

EXCUTE 语句的语法格式如下：

```
[ { EXEC | EXECUTE } ]
{
[ @return_status= ]
{ procedure_name [;number] | @procedure_name_var }
@parameter = [ { value | @variable [ OUTPUT ] | [ DEFAULT ] } ]
[, …n]
[ WITH RECOMPILE ]
```

主要参数的含义如下。

① @return_status：是一个可选的整数变量，保存存储过程的返回状态。该变量在用 EXECUTE 语句前，必须在批处理、存储过程或函数中声明。

② procedure_name：要调用的存储过程名称。

③ ;number：是可选的整数，用于将相同名称的过程进行组合，使得它们可以用一句 DROP PROCEDURE 语句删除。

④ @procedure_name_var：是局部定义变量名，代表存储过程名称。

⑤ @parameter：是过程参数，在 CREATE PROCEDURE 语句中定义。参数名称前必须加上符号"@"。

⑥ value：是过程中参数的值。如果参数名称没有指定，参数值必须以 CREATE PROCEDURE 语句中定义的顺序给出。

注意：必须具有 CREATE PROCEDURE 权限才能创建存储过程，存储过程是架构作用域中的对象，只能在本地数据库中创建存储过程。

⑦ @variable：是用来保存参数或者返回参数的变量。

⑧ OUTPUT：指定存储过程必须返回一个参数。该存储过程的匹配参数也必须由关键字 OUTPUT 创建。使用游标变量作参数时使用该关键字。

⑨ DEFAULT：根据过程的定义，提供参数的默认值。当过程需要的参数值是没有事先定义好的默认值，或缺少参数，或指定了 DEFAULT 关键字，就会出错。

（2）应用举例

【例 8-2】执行存储过程"proDisplayUserInfo"。

操作步骤如下。

① 在查询窗口执行以下 SQL 语句。

```
USE E_business_DB
GO
EXECUTE proDisplayUserInfo
```

② 执行存储过程的结果如图 8-4 所示。

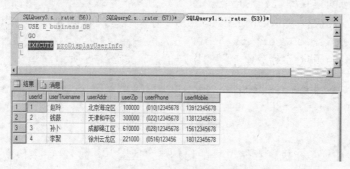

图 8-4　执行存储过程的结果

4. 存储过程参数

1）存储过程参数的定义

（1）存储过程参数的类型

SQL Server 2008 的存储过程可以使用两种类型的参数：输入参数和输出参数。参数用于在存储过程及应用程序之间交换数据，其中：输入参数允许用户将数据值传递到存储过程或函数；输出参数允许存储过程将数据值或游标变量传递给用户。

每个存储过程向用户返回一个整数代码，如果存储过程没有显示设置返回代码的值，则返回代码为 0。

（2）存储过程参数的定义

存储过程的参数在创建时应在 CREATE PROCEDURE 和 AS 关键字之间定义，每个参数都要指定参数名和数据类型，参数名必须以"@"为前缀，可以为参数指定默认值；如果是输出参数，则应用 OUTPUT 关键字描述。各个参数定义之间用"，"隔开。具体语法格式如下：

```
@parameter_name data_type [ =default ] [ OUTPUT ]
```

2）使用输入参数

创建带有输入参数的存储过程，可以通过向存储过程传递参数的方式，根据用户应用需求，实现定制查询，达到存储过程灵活运用的目的。

（1）创建的存储过程

为电子商务数据库"E_bussiness_DB"创建一个名为"proDisplayUserInfo"的存储过程，能够实现根据给定的用户姓名查找用户的个人信息。

实现上述要求，需要通过定义输入参数，向存储过程传递参数实现按条件查询。此时定义参数名为"@name"，类型为"varchar（50）"。在查询窗口输入以下 SQL 语句代码，并执行查询完成存储过程的建立。

```
USE E_business_DB
GO
CREATE PROCEDURE proDisplayUserInfo
@name varchar（50）
AS
 SELECT userId, userTrueName, userAddr, userZip, userPhone, userMobile
FROM userInfo
WHERE userTrueName=@name FROM userInfo
```

（2）执行存储过程

执行带有输入参数的存储过程时，SQL Server 2008 提供了如下两种传递参数的方式。

① 按位置传递：这种方式是在执行存储过程的语句中，直接给出参数的值。当有多个参数时，给出的参数的顺序与创建存储过程的语句中的参数的顺序一致，即参数传递的顺序就是参数定义的顺序。使用这种方式执行"proDisplayUserInfo"存储过程的代码如下：

```
EXECUTE proDisplayUserInfo '孙卜'
```

此时，查询结果为用户名为"孙卜"的用户信息，如图 8-5 所示。

	userId	userTrueName	userAddr	userZip	userPhone	userMobile
1	3	孙卜	成都锦江区	610000	(028)12345678	15612345678

图 8-5　查询结果

② 通过参数名传递：在执行存储过程的语句中，使用"参数名=参数值"的形式给出参数值。使用这种方式执行"proDisplayUserInfo"存储过程的代码为：

```
EXECUTE proDisplayUserInfo @name='孙卜'
```

3）使用默认参数值

执行存储过程"proDisplayUserInfo"时，如果没有指定参数，则系统运行就会出错；如果希望不给出参数时也能够正确运行，则可以给参数设置默认值来实现。

在"proDisplayUserInfo"存储过程中使用默认参数值，只需将定义外部参数的代码修改为"@name varchar（50）='赵玲'"。

执行存储过程的代码如下：

```
EXECUTE proDisplayUserInfo
```

执行存储过程时默认是查询用户名为"赵玲"的用户信息，如图 8-6 所示。

	userId	userTrueName	userAddr	userZip	userPhone	userMobile
1	1	赵玲	北京海淀区	100000	(010)12345678	13912345678

图 8-6　使用默认参数值的查询结果

4）使用输出参数

通过定义输出参数，可以从存储过程中返回一个或多个值。为了使用输出参数，必须在 CREATE PROCEDURE 语句和 EXECUTE 语句中指定关键字"OUTPUT"。在执行存储过程时，如果忽略 OUTPUT 关键字，存储过程仍会执行但不返回值。

（1）创建的存储过程

为电子商务数据库"E_bussiness_DB"创建一个名为"proGetUserMobile"的存储过程，能够实现根据给定的用户姓名查找用户的个人信息，并返回用户的移动电话信息（userMobile）。

语法格式如下：

```
USE E_business_DB
GO
CREATE PROCEDURE proGetUserMobile
@name varchar（50），
@name1 varchar（50）OUTPUT,
@Mobile varchar（20）OUTPUT
AS
SELECT @name1=userTrueName, @Mobile=userMobile
    FROM userInfo
    WHERE userTrueName=@name
```

主要参数的含义如下。

① @name：用于向存储过程传递客户姓名。

② @name1：用于存储过程输出客户姓名。

③ @Mobile：用于存储过程输出客户移动电话。

（2）执行存储过程

为了接收某一存储过程的返回值，需要一个变量来存放返回参数的值，在该存储过程的调用语句中，必须为这个变量加上 OUTPUT 关键字来声明。下面的代码显示了如何调用"proGetUser Mobile"，并将得到的结果返回@name1、@mobile 中，其查询结果如图 8-7 所示。

```
DECLARE @name varchar（50），@name1 varchar（50），@mobile varchar（20）
EXEC proGetUserMobile '赵玲', @name1 OUTPUT, @Mobile OUTPUT
SELECT '客户'+@name1+'的移动电话是'+@Mobile as '查询结果'
GO
```

	查询结果
1	客户赵玲的移动电话是13912345678

图 8-7　查询结果

5）存储过程的返回值

存储过程在执行后都会返回一个整型值。如果执行成功，则返回 0；否则返回-1～-99 之间的随机数，也可以使用 RETURN 语句来指定一个存储过程的返回值。

下面通过创建一个实现两数相加，并将返回存储过程的运算结果。

存储过程的语句如下：

```
CREATE PROC aPLUSb
@a int=0, @b int=0, @c int=0 OUTPUT
AS
Set @c=@a+@b
Return @c
```

主要参数的含义如下。

① @a、@b：用于接收两个加数的值。

② @c：用于向外输出两数的和，由 OUTPUT 关键字指定。在执行这个存储过程时，需要指定一个变量存放返回值，然后再显示出来。

下面是调用这个存储过程的示例。

```
DECLARE @c int
EXEC aPLUSb 5，3，@c OUTPUT
SELECT '两个之和为:'+STR（@C）
```

查询结果如图 8-8 所示。

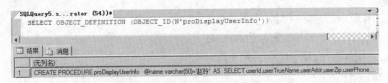

图 8-8　查询结果

5．管理存储过程

1）查看存储过程的信息

（1）使用 OBJECT_DEFINITION 系统函数查看存储过程信息。

【例 8-3】使用 OBJECT_DEFINITION 系统函数查看"proDisplayUserInfo"存储过程的定义内容。

语法格式如下：

```
SELECT OBJECT_DEFINITION （OBJECT_ID（N'proDisplayUserInfo'））
```

执行结果如图 8-9 所示。

图 8-9　查看存储过程信息结果

注意：在创建存储过程时使用了 WITH ENCRYPTION 子句，则将隐藏存储过程定义文本的信息，上面将不能查看到具体的文本信息。

（2）使用 sp_helptext 存储过程查看存储过程的源代码。

语法格式如下：

```
sp_helptext 存储过程名称
```

【例 8-4】使用"sp_helptext"存储过程查看"proDisplayUserInfo"存储过程内容。

语句代码如下：

```
sp_helptext proDisplayUserInfo
```

执行结果如图 8-10 所示。

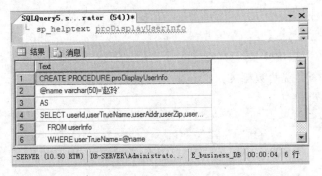

图 8-10　使用"sp_helptext"存储过程查看存储过程信息结果

注意：如果在创建存储过程时使用了 WITH ENCRYPTION 选项，那么无论是使用系统存储过程 sp_helptext，还是图形界面操作都无法查看到存储过程的源代码。

（3）使用图形界面查看存储过程的源代码

查看"proDisplayUserInf"存储过程内容的操作步骤如下。

① 打开 SQL Server Management Studio 窗口，连接到"E_business_DB"数据库。

② 展开"服务器"→"数据库"→"E_business_DB"→"可编程性"→"存储过程"节点。

③ 右击"dbo.proDisplayUserInfo"项，在弹出的快捷菜单中选择"修改"选项，执行结果如图 8-11 所示。

图 8-11　查看存储过程信息结果

2）重新命名存储过程

（1）使用系统存储过程 sp_rename 修改存储过程名。

语法格式如下：

```
sp_rename 原存储过程名, 新存储过程名
```

【例 8-5】将存储过程"proDisplayUserInfo"修改为"proGetUserInfo"。

语句代码如下：

```
sp_rename proDisplayUserInfo, proGetUserInfo
```

执行上述操作后发现在"对象资源管理器"的"存储过程"节点下，存储过程名已经变更为"proGetUserInfo"，执行结果如图 8-12 所示。

（2）使用图形界面更改存储过程名。

【例 8 6】重新命名"proDisplayUserInf"存储过程名为"proGetUserInfo"。

操作步骤如下。

① 打开 SQL Server Management Studio 窗口，连接到"E_business_DB"数据库。

② 展开"服务器"→"数据库"→"E_business_DB"→"可编程性"→"存储过程"节点。

③ 右击"proDisplayUserInfo"项，在弹出的快捷菜单中选择"重命名"选项，修改存储过程名为"dbo.proGetUserInfo"，如图 8-12 所示。

图 8-12　重命名存储过程

3）修改存储过程

修改以前用 CREATE PROCEDURE 命令创建的存储过程，并且在不改变权限的授予情况及不影响任何其他的独立的存储过程或触发器的情况下常使用 ALTER PROCEDURE 命令。

语法格式如下：

```
ALTER PROC[EDURE] procedure_name [;number]
[ {@parameter data_type } [VARYING] [= default] [OUTPUT]] [, ...n] [WITH
{RECOMPILE | ENCRYPTION | RECOMPILE , ENCRYPTION}] [FOR REPLICATION] AS
sql_statement [...n]
```

说明：其中各参数和保留字的具体含义参看 CREATE PROCEDURE 命令。

☞小提示

① 如果要修改具有任何选项的存储过程，如 WITH ENCRYPTION 选项，必须在 ALTER PROCEDURE 语句中包括该选项并保留该选项的功能。

② ALTER PROCEDURE 语句只能修改一个单一的过程，如果过程调用了其他存储过程，嵌套的存储过程不受影响。

③ 在默认状态下，允许该语句的执行者是存储过程最初的创建者、sysadmin 服务器角色成员和 db_owner 与 db_ddladmin 固定的数据库角色成员，用户不能授权执行 ALTER PROCEDURE 语句。

【例 8-7】修改【例 8-6】中变更存储过程名的存储过程"proGetUserInfo"的内容，去掉@name 参数的默认参数值。

语法格式如下：

```
USE [E_business_DB]
GO
ALTER PROCEDURE [dbo].[proGetUserInfo]
@name varchar (50)
AS
SELECT userId, userTrueName, userAddr, userZip, userPhone, userMobile
FROM userInfo
WHERE userTrueName=@name
```

说明：用户也可通过右击"proGetUserInfo"项，在弹出的快捷菜单中，选择"修改"选项完成修改存储过程的操作。

4）删除存储过程

在 SQL Server 2008 中，用户可以删除自定义存储过程。

（1）使用 DROP PROCEDURE 语句删除存储过程。

DROP PROCEDURE 语句的语法格式如下：

```
DROP PROCEDURE {procedure}[, …n]
```

【例 8-8】删除"proDisplayUserInfo"存储过程。

语法格式如下：

```
DROP PROCEDURE proDisplayUserInfo
```

（2）使用图形界面删除存储过程。用户还可以通过图形界面删除自定义存储过程。删除上述"proDisplayUserInfo"存储过程的操作步骤如下。

① 打开 SQL Server Management Studio 窗口，连接到"E_business_DB"数据库。

② 展开"服务器"→"数据库"→"E_business_DB"→"可编程性"→"存储过程"节点。

③ 右击"proDisplayUserInfo"项，在弹出的快捷菜单中，选择"删除"选项，打开"删除对

象"对话框,如图 8-13 所示。

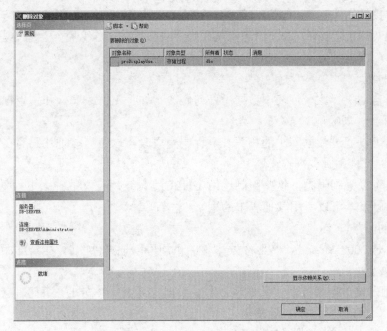

图 8-13 "删除对象"对话框

④ 单击"确定"按钮,完成操作。

操作完成后,在 SQL Server Management Studio 窗口中,展开"存储过程"节点,发现"proDisplayUserInfo"存储过程已经被删除。

任务 2 触发器

▋ 任务描述

小王应聘××公司的数据库管理员,面试中主考官要求他介绍触发器。

▋ 任务要点

1．了解 SQL Server 2008 触发器的基本概念、功能、特点和分类。
2．掌握创建 DML 触发器的方法。
3．掌握 DDL 触发器的创建方法。
4．掌握管理触发器的方法。

▋ 任务实现

1．触发器的概述

1）触发器定义

触发器是一个在修改指定表中的数据时执行的存储过程。经常通过创建触发器来强制实现不同表中的逻辑相关数据的引用完整性或一致性。由于用户不能绕过触发器,因此用它来强制实施复杂的业务规则,以此确保数据的完整性。

触发器不同于存储过程。触发器主要是通过事件进行触发而被执行的，而存储过程可以通过存储过程名被直接调用。当某一表进行诸如 UPDATE、INSERT、DELETE 操作时，SQL Server 就会自动执行触发器所定义的 SQL 语句，从而确保对数据的操作必须符合有这些 SQL 语句所定义的规则。

2）触发器的特点

（1）触发器自动执行。一旦表中数据做任何修改（如手工修改输入和使用程序添加、修改数据操作），触发器会立即激活。

（2）触发器可以通过数据库中的相关表进行层叠更改，这比直接把代码写在前台的做法更为合理安全。

（3）触发器可以强制限制，这些限制比用 CHECK 语句所定义的约束更为复杂，与 CHECK 约束不同的是，触发器可以引用其他表中的列。

3）触发器的分类

在 SQL Server 2008 系统中，按照触发事件的不同可以把提供的触发器分成两大类：DML 触发器和 DDL 触发器。

（1）DDL 触发器。当服务器或数据库中发生数据定义语言（DDL）事件时它将被调用。如果要执行以下操作，可以使用 DDL 触发器。

① 要防止对数据库架构进行某些更改。

② 希望数据库中发生某种情况以响应数据库架构中的更改。

③ 要记录数据库架构中的更改或事件。

（2）DML 触发器。DML 触发器是当数据库服务器中发生数据操作语言（DML）事件时要执行的操作。通常所说的 DML 触发器主要包括 INSERT 触发器、UPDATE 触发器和 DELETE 触发器。DML 触发器可以查询其他表，还可以包含复杂的 Transact-SQL 语句。将触发器和触发它的语句作为可在触发器内回滚的单个事务对待。如果检测到错误，则整个事务自动回滚。

DML 触发器在以下方面非常有用。

① DML 触发器可通过数据库中的相关表实现级联更改。不过，通过级联引用完整性约束可以更有效地进行这些更改。

② DML 触发器可以防止恶意或者错误的 INSERT、UPDATE 及 DELETE 操作，并强制执行比 CHECK 约束定义的限制更为复杂的其他限制。DML 触发器能够引用其他表中的列。

③ DML 触发器可以评估数据修改前后表的状态，并根据该差异采取措施。

一个表中的多个同类 DML 触发器（INSERT、UPDATE 和 DELETE）允许采取多个不同的操作来响应同一个修改语句。

说明：

① SQL Server 2008 为每个触发器语句都创建了两种特殊的 DELETED 表和 INSERTED 表。

② 这是两个逻辑表，由系统来自创建和维护，用户不能对它们进行修改。它们存放在内存而不是数据库中。这两个表的结构总是与被该触发器作用的表的结构相同。触发器执行完成后，与该触发器相关的这两个表也会被删除。

③ DELETE 表存放由执行 DELETE 或者 UPDATE 语句而要从表中删除的所有行。在执行 DELETE 或者 UPDATE 操作时，被删除的行从触发触发器的表中被移到 DELETE 表，这两个表不会有共同的行。

④ INSERT 表存放由执行 INSERET 或者 UPDATE 语句而要向表中插入的所有行。在执行

INSERT 或者 UPDATE 操作中，新的行同时添加到触发触发器的表和 INSERT 表中，INSERT 表的内容是触发触发器的表中新插入行的副本。

⑤ 一个 UPDATE 事务可以看作先执行一个 DELETE 操作，再执行一个 INSERT 操作，旧的行首先被移到 DELETE 表，然后新插入行同时插入到触发触发器的表和 INSERT 表中。

2. 创建 DML 触发器

1）创建 DML 触发器的基本语法

```
CREATE TRIGGER trigger_name
ON {table|view}
{{
{FO6R|AFTER|INSTEAD OF}
{[delete] [, ][insert][, ][update]}
AS
Sql_statement
}}
```

主要参数的含义如下。

① trigger_name：是要创建的触发器的名称。

② table| view：是在其上执行触发器的表或视图，有时称为触发器表或触发器视图，可以选择是否指定表或视图的所有者名称。

③ FOR、AFTER、INSTEAD OF：指定触发器触发的时机，其中 FOR 也创建 AFTER 触发器。

④ delete、insert、update：是指定在表或视图上执行哪些数据修改语句时将触发触发器的关键字。必须至少指定一个选项。在触发器定义中允许使用以任意顺序组合的这些关键字。如果指定的选项多于一个，需用逗号分隔这些选项。

⑤ Sql_statement：指定触发器所执行的 SQL 语句。

2）创建 INSERT 触发器

INSERT 触发器是当对目标表（触发器的基表）执行 INSERT 语句时，就会调用的触发器。例如，当客户下订单选购一定数量的某一商品时，订单表"orderInfo"表就增加一条订单记录，而商品表"productInfo"表某一商品的数量就会减少相应数量。

（1）创建名为"trigAddOrder"的 INSERT 触发器

新建查询，输入如下语句代码：

```
CREATE TRIGGER trigAddOrder
ON orderInfo
    FOR INSERT
AS
UPDATE productInfo set proStockQuantity=proStockQuantity-(SELECT
purchaseQuantity from INSERTED)
    WHERE proId=(SELECT proId from INSERTED )
```

执行结果如图 8-14 所示。触发器建立后，就会发现在数据表节点下的触发器节点下增加了一个新建的触发器。

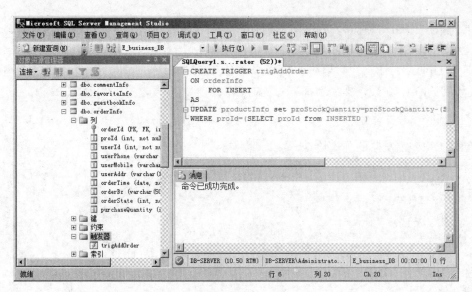

图 8-14　创建 INSERT 触发器

（2）验证触发器功能

① 查询商品表"productInfo"表中商品编号（proId）为"4"的现有商品库存量。

语句代码如下：

```
SELECT proId as 商品编号, proStockQuantitiy as 库存数量 from productInfo
WHERE proId=4
```

执行操作后，商品编号为"4"的商品库存量为"23"。

② 向订单表"orderInfo"表中增加一条记录，如表 8-2 所示。

表 8-2 新增记录信息表

字段名	字段值
orderId	5
proId	4
userId	2
userPhone	（022）12345678
userMobile	13812345678
userAddr	天津和平区
orderBZ	NULL
orderState	1
purchaseQuantity	2

执行以下语句代码，完成向订单表"orderInfo"表中插入记录的操作。

```
INSERT INTO orderInfo  VALUES (5, 4, 2, '(022)12345678)', '13812345678','天
津和平区', CONVERT (datetime, '2014-06-06 11:04:32'), NULL, 1, 2)
```

③ 增加新记录后，再次查询商品表"productInfo"表中商品编号（proId）为"4"的现有商品库存量操作后，商品编号为"4"的商品库存量为"21"。库存量先后变化情况如图 8-15 所示，说明 INSERT 触发器功能正常。

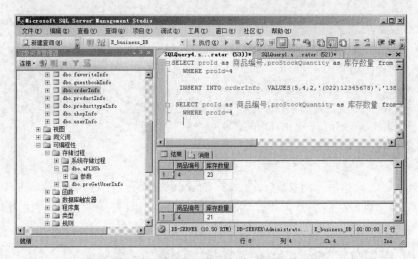

图 8-15　验证 INSERT 触发器执行结果

3）创建 DELETE 触发器

当用户定义 DELETE 触发器后，SQL Server 会将删除的记录存放在 DELETED 临时表中，这样用户可以通过临时表了解被删除的记录信息，并利用 DELETE 触发器，在执行数据删除操作时，自动执行用户自定义的逻辑代码，对删除数据信息的操作做出响应。例如，如果客户退货，订单表中会删除相应的订单记录，同时商品库存量会增加。在此，删除前面示例中的订单表"orderInfo"的订单号为"5"的记录，并实现商品表"productInfo"表相应商品数量的增加。具体操作步骤如下。

（1）创建名为"trigDelOrder"的 DELETE 触发器

新建查询，输入如下语句代码：

```
CREATE TRIGGER trigDelOrder
ON orderInfo
    FOR DELETE
AS
UPDATE productInfo set proStockQuantity=proStockQuantity+（SELECT
purchaseQuantity from DELETED ）
    WHERE proId=（SELECT proId from DELETED ）
```

执行结果如图 8-16 所示。

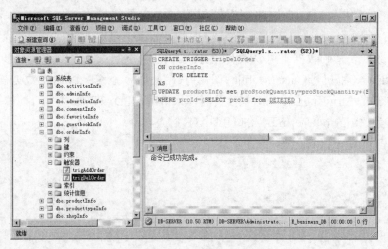

图 8-16　创建 DELETE 触发器

（2）验证触发器功能

① 查询商品表"productInfo"表中商品编号（proId）为"4"的现有商品库存量。

执行以下语句代码：

```
SELECT proId as 商品编号，proStockQuantitiy as 库存数量 from productInfo
    WHERE proId=4
```

② 删除订单表"orderInfo"表中订单编号为"5"的记录。

执行以下语句代码：

```
DETETE  FROM orderInfo WHERE orderId=5
```

③ 执行删除记录操作后，再次查询商品表"productInfo"表中商品编号（proId）为"4"的现有商品库存量操作后，商品编号为"4"的商品库存量由"21"变为"23"，说明 DELETE 触发器功能发挥作用。库存量先后变化情况如图 8-17 所示。

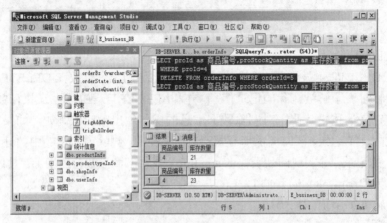

图 8-17　验证 DELETE 触发器执行结果

4）创建 UPDATE 触发器

UPDATE 触发器可以看作是 DELETE 触发器和 INSERT 触发器的结合体，可以将 UPDATE 操作分为两步进行：先是对表执行 DELETE 操作，删除表中原有数据；然后，对表执行 INSERT 操作，插入新的数据。因此在执行 UPDATE 操作时，就会形成两个临时表，一个是 DELETED 临时表，另一个是 INSERTED 临时表。当对数据表进行数据更新时，可以利用 UPDATE 触发器来保护数据表中某些列不被更新，为这些列设置权限。如会员信息表"userInfo"表中，会员姓名（userTruename）、性别（userSex）列是不允许修改的，如果一旦修改数据信息，系统就会弹出"操作不能被处理，数据表基础数据不可修改！"的提示信息，不向系统提交数据更新操作；如果更改生日（userBirthday）、手机号（userMobile）等会员信息时，系统会弹出"数据修改成功！"提示信息。下面通过建立"trigUpdUserInfo"触发器，来讲解 UPDATE 触发器的具体操作。

（1）创建名为"trigUpdUserInfo"的 UPDATE 触发器

新建查询，输入如下语句代码：

```
CREATE TRIGGER trigUpdUserInfo
ON userInfo
    FOR UPDATE
AS
IF (UPDATE(userTruename) OR UPDATE(userSex))
    BEGIN
```

```
    PRINT（'操作不能被处理，数据表基础数据不可修改！'）
    ROLLBACK TRANSACTION
END
ELSE
    PRINT（'数据修改成功！'）
```

主要参数的含义如下：

ROLLBACK TRANSACTION：将显示事务或隐性事务回滚到事务的起点或事务内的某个保存点。可以使用 ROLLBACK TRANSACTION 清除自事务的起点或某个保存点所做的所有数据修改。它还释放由事务控制的资源。在此执行 ROLLBACK TRANSACTION 语句，就是恢复更改的数据信息。

执行结果如图 8-18 所示。

图 8-18　创建 UPDATE 触发器

（2）验证触发器功能

① 查询会员表"userInfo"表中会员的信息。

执行以下语句代码：

```
SELECT * FROM userInfo
```

执行结果如图 8-19 所示。

	userId	userName	userPwd	userAddr	userZip	userPhone	userMobile	userTruename	userSex	userBrithdaydat
1	1	小赵	123456	北京海淀区	100000	(010)12345678	13912345678	赵玲	女	1983-05-01
2	2	小钱	123456	天津和平区	300000	(022)12345678	13812345678	钱薇	女	1984-04-01
3	3	小孙	123456	成都锦江区	610000	(028)12345678	15612345678	孙卜	男	1985-05-01
4	4	小李	123456	徐州云龙区	221000	(0516)123456	18012345678	李聚	女	1986-06-01

图 8-19　列出表中所有的记录

② 修改会员表"userInfo"表中会员编号（userID）为"4"的会员的性别（userSex）为"男"。

执行以下语句代码：

```
    UPDATE userInfo set userSex='男' WHERE UserId=4
```

执行结果如图 8-20 所示。修改操作触发 UPDATE 触发器，操作试图修改被保护的数据列而被阻止。

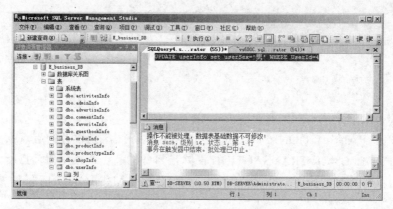

图 8-20　修改表中的列被阻止

③ 修改会员表"userInfo"表中会员编号（userID）为"4"的会员的手机号（userMobile）为"18612345678"。

执行以下语句代码：

```
UPDATE userInfo set  userMobile='18612345678' WHERE UserId=4
```

被修改的列不在被保护之列，修改操作被执行，数据表信息被修改操作，如图 8-21 所示。

图 8-21　修改表中的列操作被执行

查看修改后的记录，如图 8-22 所示。

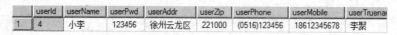

	userId	userName	userPwd	userAddr	userZip	userPhone	userMobile	userTruena
1	4	小李	123456	徐州云龙区	221000	(0516)123456	18612345678	李聚

图 8-22　查看修改后的记录

3. DDL 触发器

1）创建 DDL 触发器基本语法

语法格式如下：

```
CREATE TRIGGER trigger_name
ON {ALL SERVER|DATABASE}
WITH ENCRYPTION
{FOR|AFTER|{event_type}}
AS
Sql_statement
```

主要参数的含义如下。

① ALL SERVER：表示该 DDL 触发器作用域是整个服务器。

② DATABASE：表示该 DDL 触发器的作用域是整个数据库。

③ event_type：指定触发器的事件类型。

2）创建 DDL 触发器

建立一个 DDL 触发器以保护数据库"E_bussiness_DB"中数据表不被修改或删除。

新建查询，输入以下语句代码：

```
CREATE TRIGGER trigDisDelTable
ON DATABASE
FOR DROP_TABLE, ALTER_TABLE
AS
PRINT '对不起！不能对数据表进行修改或删除！'
ROLLBACK
```

执行结果如图 8-23 所示，在"数据库"→E_bussiness_DB→可编程性"→数据库触发器"节点下，新增了一个"trigDisDelTable"触发器节点。

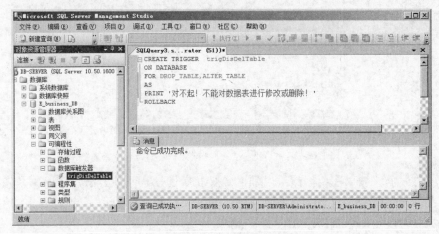

图 8-23　创建 DDL 触发器

3）验证 DDL 触发器功能

删除商城信息表（shopInfo），DDL 触发器被触发，删除数据表的操作被阻止，操作结果如图 8-24 所示。

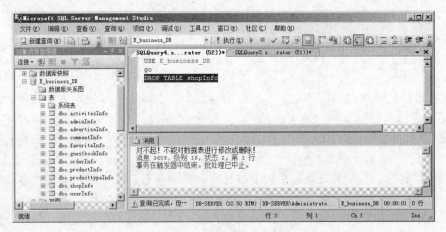

图 8-24　DDL 触发器被触发

4）管理触发器

（1）查看触发器。可以把触发器看作是特殊的存储过程，因此所有适用于存储过程的管理方式都适用于触发器。可以使用像 sp_helptext、sp_help 和 sp_depends 等系统存储过程来查看触发器的有关信息，也可以使用 sp_rename 系统存储过程来重命名触发器。

例如，使用 sp_helptext 系统存储过程可以查看触发器的定义语句，如图 8-25 所示。

```
exec sp_helptext trigUpdUserInfo
```

图 8-25　查看触发器

（2）修改触发器。如果需要修改触发器的定义和属性，有两种方法，第一种是先删除原来的触发器的定义，再重新创建与之同名的触发器；第二种是直接修改现有的触发器的定义。修改现有触发器的定义可以使用 ALTER TRIGGER 语句。

语法格式如下：

```
ALTER TRIGGER trigger_name
ON { table | view }
{
{ { FOR | AFTER | INSTEAD OF }
{ [DELETE] [, ] [INSERT] [, ] [UPDATE] }
AS
sql_statement
}
}
```

修改触发器语句 ALTER TRIGGER 中各参数的含义与创建触发器 CREATE TRIGGER 时相同，这里不再重复说明。

一旦使用 WITH ENCRYPTION 对触发器加密，即使是数据库所有者也无法查看或修改触发器。

（3）删除触发器。当不再需要某个触发器时，可以删除它。删除触发器时，触发器所在表中的数据不会因此改变。当某个表被删除时，该表中的所有触发器也被自动删除。

使用 DROP TRIGGER 语句可以删除当前数据库中的一个或多个触发器。例如，删除触发器"trigUpdUserInfo"，就可以执行如下代码：

```
USE E_business_DB
GO
DROP TRIGGER trigUpdUserInfo
```

（4）禁用或启用触发器。用户可以禁用或启用一个指定的触发器或一个表的所有触发器。当禁用一个触发器后，它在表中的定义仍然存在。但是，当对表执行 INSERT 语句、UPDATE 语句或 DELETE 语句时，并不执行触发器的动作，直到重新启动触发器为止。

① 禁用或启用对表的 DML 触发器。

a. 禁用在"E_business_DB"数据库中"userInfo"表创建的触发器"trigUpdUserInfo"。

语句代码如下：

```
DISABLE TRIGGER trigUpdUserInfo ON userInfo
```

b. 启用已禁用的 DML 触发器"trigUpdUserInfo"。

代码如下：

```
ENABLE TRIGGER trigUpdUserInfo ON userInfo
```

② 禁用或启用对数据库的 DDL 触发器。

a. 禁用"E_business_DB"数据库中 DDL 触发器"trigDisDelTable"。

代码如下：

```
DISABLE TRIGGER trigDisDelTable ON E_business_DB
```

b. 启用已经禁用的 DDL 触发器"trigDisDelTable"。

代码如下：

```
ENABLE TRIGGER trigDisDelTable ON E_business_DB
```

③ 禁用或启用以同一作用域定义的所有触发器。

a. 禁用服务器作用域中创建的所有 DDL 触发器。

代码如下：

```
DISABLE TRIGGER ALL ON ALL SERVER
```

b. 启用服务器作用域中创建的所有 DDL 触发器。

代码如下：

```
ENABLE TRIGGER ALL ON ALL SERVER
```

第9章　安全管理与数据库维护

SQL Server 2008 具有最新的安全技术，以保证数据的安全。微软公司利用自己的 Windows 操作系统产品的安全性设置，将 SQL Server 2008 的安全性建构在其上，并且增加了专门的数据安全管理等级。这些机制保证了数据库的访问层次与数据安全。

数据库的安全性是指保护数据库，以防止不合法的使用所造成的数据泄露、更改或破坏。系统安全保护措施是否有效是数据库系统的主要指标之一。数据库的安全性和计算机系统（包括操作系统、网络系统）的安全性，是紧密联系、相互支持的。

对于数据库管理来说，保护数据不受内部和外部侵害是一项重要的工作。SQL Server 正日益广泛地应用于各种场合，作为 SQL Server 2008 的数据库系统管理员，需要深入理解 SQL Server 的安全性控制策略，以实现安全管理的目标。

▍学习目标

1. 理解 SQL Server 2008 数据库安全机制。
2. 掌握实现数据库安全性的方法。
3. 了解 SQL Server 2008 登录账户的创建、添加、删除和修改。
4. 理解 SQL Server 2008 固定服务器角色的作用和特点。
5. 掌握服务器角色的特点和设置方法。
6. 掌握数据库角色的特点和设置方法。
7. 掌握应用程序角色的特点和功能。
8. 掌握 SQL Server 2008 架构的概念和创建方法。
9. 掌握 SQL Server 2008 架构的修改、删除和移动方法。
10. 掌握对象权限、语句权限和删除权限的含义和设置方法。

任务1　数据库安全性概述

▍任务描述

小王应聘××公司的数据库管理员，面试中，主考官要求他介绍数据库的安全性。

▍任务要点

1. 理解 SQL Server 2008 数据库安全机制。
2. 掌握实现数据库安全性的方法。

▍任务实现

1. SQL Server 2008 支持多种认证机制

（1）利用 LDAP 和 Directory。

（2）全信道加密技术。

2．有特权的实体

（1）公共职能。

（2）元数据保护。

（3）更为精细的 Schema。

（4）可获得的对象。

（5）代理服务器。

3．新增的安全特性主要有

（1）默认关闭。

（2）细化的权限控制。

（3）用户和 Schema（架构）分开。

（4）数据加密。

（5）本地加密。

（6）认证。

4．SQL Server 2008 的安全模型

SQL Server 2008 的安全模型分为 3 层结构，分别为服务器安全管理、数据库安全管理和数据库对象的访问权限管理。

5．访问控制

与 SQL Server 2008 安全模型的 3 层结构相对应，SQL Server 2008 的数据访问要经过 3 关的访问控制。

（1）第 1 关，用户必须登录到 SQL Server 2008 的服务器实例。

（2）第 2 关，在要访问的数据库中，用户的登录名要有对应的用户账号。

（3）第 3 关，数据库用户账号要具有访问相应数据对象的权限。

6．SQL Server 2008 身份验证模式

SQL Server 2008 有两种安全验证机制：Windows 验证机制和 SQL Server 验证机制。

由这两种验证机制产生了两种身份验证模式，即 Windows 身份验证模式和混合验证模式。

7．服务器的安全性

1）服务器的安全性

通过建立和管理 SQL Server 2008 登录账户来保证的。

2）创建或修改登录账户

SQL Server 身份验证的登录账户是由 SQL Server 2008 自身负责身份验证的，不要求有对应的系统账户，这也是许多大型数据库所采用的方式，程序员通常更喜欢采用这种方式。

通过登录名"登录属性"对话框，修改两种登录账户属性的方法基本一样。

8．数据库的安全性

一般情况下，用户登录到 SQL Server 2008 后，还不具备访问数据库的条件，用户要访问数据库，管理员还必须为他的登录名在要访问的数据库中映射一个数据库用户账号或用户名。数据库的安全性主要是靠管理数据库用户账号来控制的。

9. 添加数据库用户

（1）在数据库用户管理界面下添加数据库用户。

（2）使用 sp_grantdbaccess 添加数据库用户。

任务 2　数据库账户的创建、添加、删除和修改

▌ 任务描述

小王应聘××公司的数据库管理员，在面试中，主考官要求他创建登录账户，并演示账户的添加、删除和修改。

▌ 任务要点

了解 SQL Server 2008 登录账户的创建、添加、删除和修改。

▌ 任务实现

服务器的安全性是通过建立和管理 SQL Server 2008 登录账户来保证的。安装完成后 SQL Server 2008 已经存在一些内置的登录账户，如数据库管理员账户"sa"，通过登录该账户，用户可以建立其他的登录账户。

1. SQL Server Management Studio 下创建使用 Windows 身份验证的登录账户

假设在 Windows 操作系统下已经建立好了一个系统账户"SQLTest"，为它们在 SQL Server 2008 中创建使用 Windows 身份验证的登录账户。

（1）在"对象资源管理器"中，展开服务器实例。

（2）展开"安全性"节点，右击"登录名"项，在弹出的快捷菜单中选择"新建登录名"选项。

（3）当出现"登录名-新建"对话框时，单击"常规"标签。确认身份验证栏中选中的是 Windows 身份验证。单击"登录名"旁的"搜索"图标，出现如图 9-1 所示的对话框。

图 9-1　选择 Windows 用户添加到 SQL Server 登录中

（4）如果希望将系统账户"SQLTest"映射为一个登录账户，则在名称列表中找到名为"SQLTest"的账户，然后添加。

（5）单击"确定"按钮。返回到"登录名-新建"对话框。发现"登录名"文本框中显示为"USER-20140903UL\SQLTest"。

（6）在"密码"和"确认密码"文本框中输入账户密码。

（7）在"默认数据库"列表中选择登录的默认数据库。

（8）在"默认语言"列表中选择登录的默认语言。最后在登录名窗口中可以看到新建的登录名，如图 9-2 所示。

图 9-2　登录名列表

2. 禁止登录账户

如果要暂时禁止一个使用 SQL Server 身份验证的登录账户，管理员只需要修改账户的登录密码就可以。如果要暂时禁止一个使用 Windows 身份验证的账户，则要使用 SQL Server Management Studio。

（1）在"对象资源管理器"中，展开具有该登录账户的服务器实例。

（2）在目标服务器下，展开"安全性"节点，单击"登录名"。

（3）在"登录名"的详细列表中，右击要禁止的登录账户，在弹出的快捷菜单中选择"属性"选项。

（4）当出现"登录属性"对话框时，单击"状态"标签，然后将"是否允许连接到数据库引擎"设置为"拒绝"，然后单击"确定"按钮，使所做的设置生效，如图 9-3 所示。

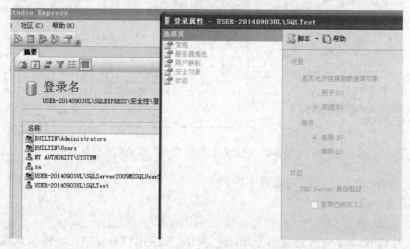

图 9-3　登录属性设置

3．删除登录账户

（1）在"对象资源管理器"中，展开具有该登录账户的服务器实例。

（2）在目标服务器下，展开"安全性"节点，单击"登录名"。

（3）在"登录名"的详细列表中，右击要删除的登录账户，在弹出的快捷菜单中选择"删除"选项。

（4）在弹出的"删除对象"对话框中，单击"确定"按钮即可完成删除。

一般情况下，用户登录到 SQL Server 2008 后，还不具备访问数据库的条件，用户要访问数据库，管理员还必须为他的登录名在要访问的数据库中映射一个数据库用户账号或用户名。数据库的安全性主要是靠管理数据库用户账号来控制的。

4．添加数据库用户

1）在数据库用户管理界面下添加数据库用户

（1）在目标数据库下，展开"安全性"节点，右击"用户"项，在弹出的快捷菜单中选择"新建用户"选项。

（2）在出现的"数据库用户-新建"对话框中，单击登录名文本框右边的按钮，弹出"选择登录名"对话框，单击"浏览"按钮，在"查找对象"对话框中选择要授权访问的数据库登录账户。

（3）在"用户名"文本框中输入在数据库中所用的用户名。

（4）除了 public 角色以外，根据要赋予该用户名的权限，在下面的列表中选择其他的数据角色指定给它。

（5）单击"确定"按钮，过程如图 9-4 所示。

图 9-4　建立数据库用户并指定角色

2）使用 sp_grantdbaccess 添加数据库用户

语法格式如下：

```
EXECUTE sp_grantdbaccess '登录名','用户名'
```

【例 9-1】为 Windows 身份验证的登录账户 WIN- B383RPTB017 \Test 和 SQL Server 身份验证的登录账户"stu04"，在数据库 marketing 中分别建立用户名"test"和"stu04"。

语法格式如下：

```
EXECUTE sp_grantdbaccess ' WIN-B383RPTB017 \Test', 'test'
EXECUTE sp_grantdbaccess 'stu04'
GO
```

5. 修改数据库用户

修改数据库用户主要是修改它的访问权限，通过数据库角色的管理可以有效地管理数据库用户的访问权限。

（1）在 SQL Server Management Studio 中修改用户的角色

在 SQL Server Management Studio 下创建数据库用户时可以指定角色，同样也能修改指定给用户的角色。这里不再论述，参见添加数据库用户的过程。

（2）用 SQL 语句修改用户的角色

在查询分析器中使用系统存储过程 sp_addrolemembe 指定数据库角色。

【例 9-2】为数据库用户"Test"指定固定的数据库角色"db_accessadmin"。完成指定后再取消该角色。

语法格式如下：

```
EXEC sp_addrolemember 'db_accessadmin', 'Test'
EXEC sp_droprolemember 'db_accessadmin', 'Test'
GO
```

6. 删除数据库用户

1）使用 SQL Server Management Studio 删除数据库用户

（1）在目标数据库中，展开"安全性"→"用户"节点，右击要删除的用户，在弹出的快捷菜单中选择"删除"选项。

（2）在弹出的"删除对象"对话框中，单击"确定"按钮，即可完成用户的删除，如图 9-5 所示。

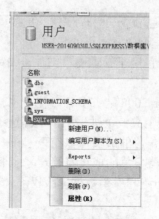

图 9-5 删除数据库用户

2）使用 SQL 语句删除数据库用户

在查询分析器中使用系统存储过程 sp_revokedbaccess 删除数据库角色。

【例 9-3】删除数据库用户"stu04"。

语法格式如下：

```
EXECUTE sp_revokedbaccess 'stu04'
   GO
```

任务 3 固定服务器角色

任务描述

小王应聘××公司的数据库管理员，在面试中，主考官要求他演示创建固定服务器角色的操作。

任务要点

掌握固定服务器角色的特点和设置方法。

任务实现

1. 固定服务器角色

固定服务器角色是服务器级别的主体，它们的作用范围是整个服务器。固定服务器角色已经具备了执行指定操作的权限，可以把其他登录名作为成员添加到固定服务器角色中，这样该登录名可以继承固定服务器角色的权限。

2. 固定服务器角色特点

（1）可以把登录名添加到固定服务器角色中，使用登录名作为服务器角色的成员继承固定服务器角色的权限。

（2）对于登录名来说，可以选择其是否成为某个固定服务器角色的成员。

3. 按照从最低级别的角色（Bulkadmin）到最高级别的角色（Sysadmin）的顺序进行描述

（1）Bulkadmin：这个服务器角色的成员可以运行 BULK INSERT 语句。这条语句允许从文本文件中将数据导入到 SQL Server 2008 数据库中，为需要执行大容量插入到数据库的域账户而设计。

（2）Dbcreator：这个服务器角色的成员可以创建、更改、删除和还原任何数据库。这不仅是适合助理 DBA 的角色，也可能是适合开发人员的角色。

（3）Diskadmin：这个服务器角色用于管理磁盘文件，如镜像数据库和添加备份设备。它适合助理 DBA。

（4）Processadmin：SQL Server 2008 能够多任务化，也就是说可以通过执行多个进程做多个事件。例如，SQL Server 2008 可以生成一个进程用于向高速缓存中写数据，同时生成另一个进程用于从高速缓存中读取数据。这个角色的成员可以结束（在 SQL Server 2008 中称为删除）进程。

（5）Securityadmin：这个服务器角色的成员将管理登录名及其属性。他们可以授权、拒绝和撤销服务器级权限，也可以授权、拒绝和撤销数据库级权限。另外，他们可以重置 SQL Server 2008 登录名的密码。

（6）Serveradmin：这个服务器角色的成员可以更改服务器范围的配置选项和关闭服务器。例如，SQL Server 2008 可以使用多大内存或监视通过网络发送多少信息，或者关闭服务器，这个角色可以减轻管理员的一些管理负担。

（7）Setupadmin：为需要管理链接服务器和控制启动的存储过程的用户而设计。这个角色的成员能添加到 setupadmin，能增加、删除和配置链接服务器，并能控制启动过程。

（8）Sysadmin：这个服务器角色的成员有权在 SQL Server 2008 中执行任何任务。

（9）Public：有两大特点，第一，初始状态时没有权限；第二，所有的数据库用户都是它的成员。

4．管理服务器角色

1）查看服务器角色属性

在"对象资源管理器中"展开"安全性"→"服务器角色"节点，如图 9-6 所示。选择"服务器角色"项并右击，在弹出的快捷菜单中选择"属性"选项，打开"服务器角色属性"对话框。

图 9-6　固定服务器角色

2）添加服务器角色

在"服务器角色属性"对话框中单击"添加"按钮，然后单击"浏览"按钮，在弹出的对话框中选择要添加的登录名，如图 9-7 所示。

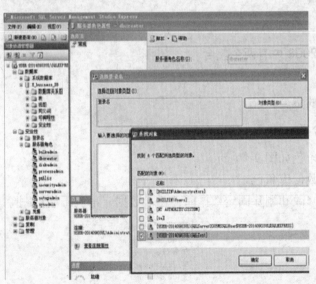

图 9-7　添加服务器角色

5．SQL Server 2008 中有两个集合

（1）权限的集合。

（2）数据库用户的集合。

6. 数据库角色分类

（1）固定数据库角色如图 9-8 所示。

（2）用户自定义数据库角色。

用户不能增加、修改和删除固定数据库角色。

图 9-8　固定数据库角色

任务4　固定数据库角色

任务描述

小王应聘××公司的数据库管理员，在面试中，主考官要求他演示创建固定数据库角色的操作。

任务要点

掌握固定数据库角色的特点和设置方法。

任务实现

1. SQL Server 2008 中有两个集合

（1）权限的集合。

（2）数据库用户的集合。

2. 数据库角色分类

（1）固定数据库角色如图 9-9 所示。

（2）用户自定义数据库角色。

用户不能增加、修改和删除固定数据库角色，数据库角色不能被删除。

图 9-9　固定数据库角色

SQL Server 2008 中预定义的固定的数据库角色如表 9-1 所示。

表 9-1　固定的数据库角色

服务器级的固定角色	说明
Sysadmin	Sysadmin 固定服务器角色的成员可以在服务器中执行任何任务
Serveradmin	Serveradmin 固定服务器角色的成员可以更改服务器范围内的配置选项并关闭服务器
Securityadmin	Securityadmin 固定服务器角色的成员管理登录名及其属性。他们可以 GRANT、DENY 和 REVOKE 服务器级权限，还可以 GRANT、DENY 和 REVOKE 数据库级权限（如果他们具有数据库的访问权限）。此外，还可以重置 SQL Server 登录名的密码
Processadmin	Processadmin 固定服务器角色的成员可以终止在 SQL Server 实例中运行的进程
Setupadmin	Setupadmin 固定服务器角色的成员可以添加和删除链接服务器
Bulkadmin	Bulkadmin 固定服务器角色的成员可以运行 BULK INSERT 语句
Diskadmin	Diskadmin 固定服务器角色用于管理磁盘文件
Dbcreator	Dbcreator 固定服务器角色的成员可以创建、更改、删除和还原任何数据库
Public	每个 SQL Server 登录名均属于 Public 服务器角色。如果未向某个服务器主体授予或拒绝对某个安全对象的特定权限，该用户将继承授予该对象的 Public 角色的权限。如果希望该对象对所有用户可用时，只需对任何对象分配 Public 权限即可，无法更改 Public 中的成员关系

任务 5　应用程序角色

▌▌任务描述

小王应聘××公司的数据库管理员，在面试中，主考官要求他对数据库的应用程序角色进行介绍。

▌▌任务要点

掌握应用程序角色的特点和功能。

▌▌任务实现

1．应用程序角色

应用程序角色可提供对应用程序（而不是数据库角色或用户）分配权限的方法。用户可以连接到数据库、激活应用程序角色及采用授予应用程序的权限。授予应用程序角色的权限在连接期间有效。

2．应用程序角色功能

（1）与数据库角色不同，应用程序角色不包含成员。

（2）当客户端应用程序向 sp_setapprole 系统存储过程提供应用程序角色名称和密码时，可激活应用程序角色。

（3）密码必须存储在客户端计算机上，并且在运行时提供；应用程序角色无法从 SQL Server 内激活。

（4）密码不加密。参数密码作为单向哈希函数进行存储。

（5）一旦激活，通过应用程序角色获取的权限在连接期间保持有效。

（6）应用程序角色继承授予 Public 角色的权限。

（7）如果固定服务器角色 Sysadmin 的成员激活某一应用程序角色，则安全上下文在连接期间切换为应用程序角色的上下文。

（8）如果在具有应用程序角色的数据库中创建 Guest 账户，则不必为该应用程序角色或调用它的任何登录名创建数据库用户账户。只有当在另一个数据库中存在 Guest 账户时，应用程序才能直接访问另一数据库。

（9）返回登录名的内置函数（如 SYSTEM_USER）返回调用应用程序角色的登录名。返回数据库用户名的内置函数将返回应用程序角色的名称。

3．创建应用程序角色

当客户端应用程序向 sp_setapprole 系统存储过程提供应用程序角色名称和密码时，可激活应用程序角色。

【例 9-4】创建一个名为"Approle"的角色，并且在查询中激活该角色。

语法格式如下：

```
EXEC [sys].[sp_setapprole] @rolename = 'Approle', -- sysname
@password = '123@ABC' - sysname
```

4．自定义的数据库角色

当固定的数据库角色不能满足用户的需要时，可以通过 SQL Server Managment Studio 或执行 SQL 语句来添加数据库角色。用户自定义数据角色有两种：标准角色和应用程序角色。标准角色是指可以通过操作界面或应用程序访问使用的角色，而应用程序角色则是只能通过应用程序访问使用的角色。

5．使用 SQL Server Managment Studio 创建数据库角色

（1）在"对象资源管理器"中，依次展开到"数据库"节点，选中要使用的数据库。

（2）在目标数据库中，展开"安全性"节点，右击"角色"项，在弹出的快捷菜单中，执行"新建"→"新建数据角色"命令。

（3）在"角色名称"文本框中输入新的角色名称，如"oprole"。

（4）单击"所有者"文本框的浏览按钮，选择数据库角色的所有者。

（5）单击"确定"按钮即可创建数据库角色，如图 9-10 所示。

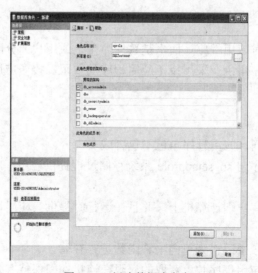

图 9-10　新建数据库角色

6. 使用 sp_addrole 创建数据库角色

【例 9-5】在数据库 "E_business_DB" 中，添加名为 "oprole" 的数据库角色。

语法格式如下：

```
EXEC sp_addrole 'oprole'
GO
```

7. 使用 SQL Server Managment Studio 删除数据库角色

（1）在 "对象资源管理器" 中，依次展开到要管理的数据库。

（2）在目标数据库下，展开 "安全性" → "角色" 节点。

（3）在角色详细列表中，右击要删除的数据库角色，在弹出的快捷菜单中选择 "删除" 选项，如图 9-11 所示。

图 9-11　删除数据库角色

（4）在弹出的 "删除对象" 对话框中单击 "确定" 按钮即可完成删除。

8. 使用 sp_droprole 删除数据库角色

【例 9-6】在数据库 "marketing" 中，删除名为 "oprole" 的数据库角色。

语法格式如下：

```
EXEC sp_droprole 'oprole'
GO
```

任务 6　创建架构

▌ 任务描述

小王应聘××公司的数据库管理员，在面试中，主考官要求他介绍 SQL Server 2008 架构的概念，并创建架构。

▎▎ 任务要点

1．掌握 SQL Server 2008 架构的概念和创建方法。
2．掌握 SQL Server 2008 架构的修改、删除和移动方法。

▎▎ 任务实现

1．SQL Server 2008 实现了 ANSI 架构概念

SQL Server 2008 中架构和用户属于不同的实体，用户名不再是对象名的一部分，每个架构都被一个用户或角色拥有，因此可以在不改变应用程序的情况下删除用户或更改用户名。

2．使用 SQL Server Management Studio 创建数据库架构

（1）在目标数据库中，展开"安全性"节点，右击"架构"项，在弹出的快捷菜单中执行"新建"→"新建架构"命令，如图 9-12 所示。

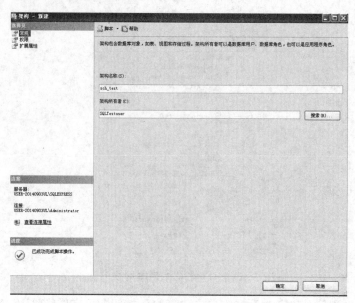

图 9-12 新建数据库架构

（2）在"架构名称"文本框中输入新建的架构名称。

（3）单击"架构所有者"文本框右边的"搜索"按钮，选择数据库架构的所有者。

（4）在"架构-新建"对话框中，单击"权限"标签，在"用户角色"列表框中添加数据库中的用户、数据库角色或应用程序角色，然后在用户角色的"显示权限"列表框中对权限进行设置。

（5）单击"确定"按钮完成数据库架构的创建。

3．使用 SQL 语句创建数据库架构

语法格式如下：

```
CREATE SCHEMA schema_name AUTHORIZATION owner
```

【例 9-7】创建一个名为 sch_test 的架构，并将数据库用户 test 指定为这个架构的所有者。

语法格式如下：

```
CREATE SCHEMA sch_test AUTHORIZATION test
GO
```

4．在 SQL Server Management Studio 中修改数据库用户的默认架构

（1）在目标服务器中，展开"安全性"节点，单击"登录名"。

（2）在"登录名"的详细列表中，右击要修改默认架构的登录账户，在弹出的快捷菜单中选择"属性"选项。

（3）在弹出的"登录属性"对话框中单击"用户映射"标签，在"映射到此登录名的用户"栏的"默认架构"单元格中输入新的默认架构，如图 9-13 所示。

图 9-13　修改数据库用户默认架构

（4）最后，单击"确定"按钮完成修改。

5．使用 SQL 语句修改数据库用户的默认架构

语法格式如下：

```
ALTER SCHEMA
CREATE USER
ALTER USER
```

6．移动架构的含义

架构是对象的容器，有时候希望把对象从一个容器移动到另外一个容器。需要注意的是，只有同一个数据库内的对象才可以从一个架构移动到另外一个架构。移动对象到新的架构会更改与对象相关联的命名空间，也会更改对象查询和访问的方式。移动对象到新的架构也会影响对象的权限。当移动对象到新的架构时，所有对象上的权限都会被删除。如果对象的所有者设定为特定的用户或角色，那么该用户或角色将继续成为对象的所有者。如果对象的所有者设置为 SCHEMA OWENER，所有权仍然为 SCHEMA OWENER 所有，并且移动后，所有者将变成新架构的所有者。

7．使用 SQL Server Management Studio 移动对象到新的架构

8．使用 SQL Server Management Studio 删除数据库架构

（1）在目标数据库中，展开"安全性"→"架构"节点。

（2）在架构详细列表中，右击要删除的数据库架构，在弹出的快捷菜单中选择"删除"选项，如图 9-14 所示。

图 9-14　删除架构

（3）在弹出的"删除对象"对话框中，单击"确定"按钮即可完成删除。

9．使用 SQL 语句删除数据库架构

语法格式如下：

```
DROP SCHEMA schema_name
```

任务 7　权限

▌ 任务描述

小王应聘××公司的数据库管理员，在面试中，主考官要求他介绍对象权限、语句权限和删除权限。

▌ 任务要点

掌握对象权限、语句权限和删除权限的含义和设置方法。

▌ 任务实现

1．权限的含义

权限管理是 SQL Server 2008 安全管理的最后一关，访问权限指明用户可以获得哪些数据库对象的使用权，以及用户能够对这些对象执行何种操作。将一个登录名映射为一个用户名，并将用户名添加到某种数据库角色中，其实都是为了对数据库的访问权限进行设置，以便让各用户能够进行适合其工作职能的操作。

2．权限的种类

在 SQL Server 2008 中存在 3 种类型的权限：对象权限、语句权限和隐含权限。

1）对象权限

对象权限是指对数据库的表、视图、存储过程等对象的操作权限，相当于操作语言的语句权

限。例如，是否允许对数据库对象执行 SELECT、INSERT、UPDATE、DELETE、EXECUTE 等操作。

2）语句权限

语句权限相当于执行数据定义语言的语句权限，包括如下语句：BACKUP DATABASE、BACKUP LOG、CREATE DATABASE、CREATE DEFAULT、CREATE FUNCTION、CREATE PROCEDURE、CREATE RULE、CREATE TABLE、CREATE VIEW 等。

3）隐含权限

隐含权限是指由预先定义的系统角色、数据库所有者和数据库对象所有者所具有的权限。

3．使用 SQL Server Management Studio 管理对象权限

（1）在"对象资源管理器"中，依次展开节点到要管理的数据库。

（2）在目标数据库中，根据需要执行下列操作之一。

① 若要设置表的访问权限，单击"表"节点。

② 若要设置视图的访问权限，单击"视图"节点。

③ 若要设置用户定义的函数的访问权限，则展开"可编程性"→"函数"节点，单击自定义函数类型节点如"表值函数"、"标量值函数"等。

④ 若要设置存储过程的访问权限，则展开"可编程性"→"存储过程"节点。

（3）然后在详细列表中，右击要设置的数据库对象，在弹出的快捷菜单中选择"属性"选项。

（4）弹出的对话框如图 9-15 所示，在"用户或角色"列表框中单击"添加"按钮，弹出"选择用户或角色"对话框。

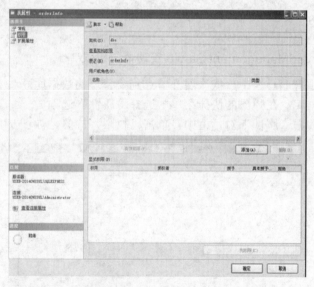

图 9-15　"表属性"对话框

（5）单击"浏览"按钮，弹出"查找对象"对话框，如选择"SQLTestuser"数据库角色，单击"确定"按钮返回到"选择用户或角色"对话框，如图 9-16 所示。

（6）在"选择用户或角色"对话框中单击"确定"按钮返回到"存储过程"对话框。

（7）在"显示权限"列表中选中相应的复选框，以便授予、拒绝或取消该用户或角色对存储过程的访问权限。

（8）单击"确定"按钮，完成对象权限的设置。

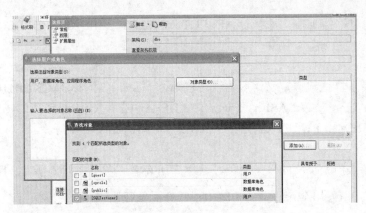

图 9-16 "选择用户或角色"对话框

4．使用 SQL 语句管理对象权限

语法格式如下：

```
GRANT 权限名 ON 表|视图|存储过程 TO 用户/角色
DENY 权限名 ON 表|视图|存储过程 TO 用户/角色
REVOKE 权限名 ON 表|视图|存储过程 FROM 用户/角色
```

【例 9-8】使用 GRANT 给 "oprole" 角色授予对 "客户信息" 表的 SELECT、UPDATE 权限。然后，将 SELECT、UPDATE 权限授予用户 "stu01"。

语法格式如下：

```
GRANT SELECT, UPDATE ON 客户信息 TO oprole
GO
GRANT SELECT, UPDATE ON 客户信息 TO stu01
GO
```

5．使用 SQL Server Management Studio 管理语句权限

（1）在"对象资源管理器"中，依次展开节点到要管理的数据库。

（2）右击目标数据库，在弹出的快捷菜单中选择"属性"选项。

（3）在弹出的"数据库属性"对话框中，单击"权限"标签，如图 9-17 所示。

图 9-17 "权限"标签

（4）在"用户或角色"列表框中单击"添加"按钮，弹出"选择用户或角色"对话框。

（5）单击"浏览"按钮，弹出"查找对象"对话框，如选择"SQLTestuser"数据库角色，单击"确定"按钮返回到"选择用户或角色"对话框。

（6）在"选择用户或角色"对话框中单击"确定"按钮返回到"数据库属性"对话框。

（7）在"显示权限"列表框中选中相应的复选框，以便授予、拒绝或取消该用户或角色使用某个语句的权限，如图9-18所示。

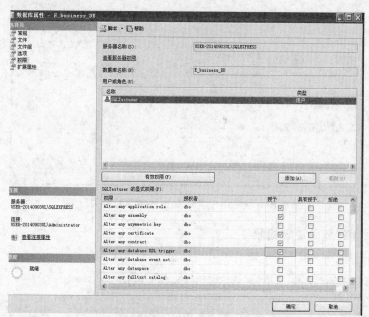

图9-18 为"SQLTestuser"用户授予权限

（8）单击"确定"按钮，完成语句权限的设置。

6. 使用 SQL 语句管理语句权限

语法格式如下：

```
GRANT 语句名称 ON 表|视图|存储过程 TO 用户/角色
DENY 语句名称 ON 表|视图|存储过程 TO 用户/角色
REVOKE 语句名称 ON 表|视图|存储过程 FROM 用户/角色
```

7. 使用 SQL Server Management Studio 管理对象权限

（1）在"对象资源管理器"中，依次展开节点到要管理的数据库。

（2）右击目标数据库，在弹出的快捷菜单中选择"属性"选项。

（3）在弹出的"数据库属性"对话框中，单击"权限"标签。

（4）在"用户或角色"列表框中单击"添加"按钮，弹出"选择用户或角色"对话框。

（5）单击"浏览"按钮，弹出"查找对象"对话框，如选择"SQLTestuser"数据库角色，单击"确定"按钮返回到"选择用户或角色"对话框。

（6）在"选择用户或角色"对话框中单击"确定"按钮返回到"数据库属性"对话框。

（7）在"显示权限"列表框中选中相应的复选框，即可删除某个角色的权限，如图9-19所示。

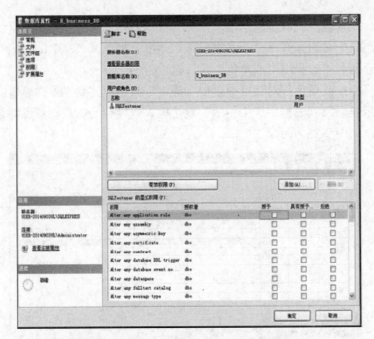

图 9-19　取消用户"SQLTestuser"的相关权限

8．使用 SQL 语句删除语句权限

语法格式如下：

```
REVOKE 语句名称 ON 表|视图|存储过程 FROM 用户/角色
```

【例 9-9】取消用户"SQLTestuser"被赋予的对"userId"表的 SELECT、UPDATE 权限。

```
REVOKE Alter any application role ON userId TO SQLTestuser
```

第 10 章　备份和还原

随着企业对信息系统的依赖性增加，数据库作为信息系统的核心，担当着重要的角色。如果数据库发生意外故障或数据丢失其损失会十分惨重，因此数据库管理员应针对具体的业务要求制定详细的数据库备份与数据恢复策略，并通过模拟故障对每种可能的情况进行严格测试，只有这样才能保证数据的高可用性。

数据库的备份是一个长期的过程，而恢复只在发生事故后进行，恢复可以看作是备份的逆过程，恢复程度的好坏很大程度上依赖于备份的情况。此外，数据库管理员在恢复时采取的步骤正确与否也直接影响最终的恢复结果。

学习目标

1. 认识备份对象，了解备份体系结构和恢复体系结构。
2. 掌握创建完整备份、差异备份、事务日志备份、文件和文件组备份的方法。
3. 了解备份压缩的意思，能够在备份的同时进行压缩操作。
4. 掌握还原数据库、还原文件和文件组的方法。
5. 掌握分离数据库、附加数据库的方法。
6. 掌握数据的导入、导出方法。

任务 1　认识数据库的备份

任务描述

小王应聘××公司的数据库管理员，在面试中，主考官要求他对数据库的备份进行简要的介绍。

任务要点

1. 数据库备份的重要性。
2. 备份对象。

任务实现

1. 阐述数据库备份的重要性

1）备份的目的

当系统发生故障或瘫痪之后，能够将系统还原到发生故障之前的状态。

2）数据丢失的常见原因

（1）软件系统瘫痪。

（2）硬件系统瘫痪。

（3）人为误操作。

（4）存储数据的磁盘被破坏。

（5）地震、火灾、战争、盗窃等灾难。

3）数据库备份的含义

备份就是为数据库创建一个副本，物理操作就是把数据库复制到转储设备的过程。

2．认识备份的对象

数据库备份的对象可分为系统数据库和用户数据库两部分，系统数据库记录了重要的系统信息，用户数据库则记录了用户的数据。对于 SQL Server 2008 来说，数据库的备份对象具体是指数据库中的表、用户定义的对象和数据等。

3．数据库备份策略的制订

1）备份的权限

在 SQL Server 2008 中，具有下列角色的成员可以做备份操作。

（1）固定的服务器角色 Sysadmin（系统管理员）。

（2）固定的数据库角色 Db_owner（数据库所有者）。

（3）固定的数据库角色 Db_backupoperator（允许进行数据库备份的用户）。

2）备份的内容

（1）用户数据库。

（2）系统数据库。

（3）事务日志。

3）备份频率

备份频率即相隔多长时间进行备份。确定备份频率主要考虑两点：一是系统恢复的工作量；二是系统执行的事务量。

☞小提示

备份和恢复的版本应当一致，否则可能出现高版本的备份文件无法由低版本的 SQL Server 恢复的情况。

任务2　认识备份体系结构和恢复体系结构

▌▌任务描述

为了考查小王的专业水平，主考官要求小王就数据库的备份体系结构和恢复体系结构进行描述。

▌▌任务要点

1．备份体系结构。
2．恢复体系结构。

▌▌任务实现

1．备份体系结构

1）备份的四种基本方法

（1）完全数据库备份。用户执行完全的数据库备份，包括所有对象、系统表及数据。在备份开始时，SQL Server 复制数据库中的一切，而且还包括备份进行过程中所需要的事务日志部分。因此，利用完整备份还可以还原数据库在备份操作完成时的完整数据库状态。完整备份方法首先将事务日志写到磁盘上，然后创建相同的数据库和数据库对象及复制数据。由于是对数据库的完整备份，因此这种备份类型不仅速度较慢，而且将占用大量磁盘空间。在对数据库进行完整备份时，所有未完成的事务或发生在备份过程中的事务都将被忽略，所以尽量在一定条件下才使用这种备份类型。

（2）增量数据库备份。增量数据库备份又称为差异数据库备份，用于备份自最近一次完整备份之后发生改变的数据。因为只保存改变内容，所以这种类型的备份速度比较快，可以更频繁地执行。和完整备份一样，增量数据备份也包括了事务日志部分，为了能将数据库还原至备份操作完成时的状态，会需要这些事务日志备份。

（3）事务日志备份。事务日志备份是所有数据库修改的系列记录，用来在还原操作期间提交完成的事务及回滚未完成的事务。在备份事务日志时，备份将存储自上一次事务日志备份后发生的改变，然后截断日志，以此清除已经被提交或放弃的事务。不同于完整备份和差异备份，事务日志备份记录备份操作开始时的事务日志状态（而不是结束时的状态）。

（4）数据库文件和文件组备份。SQL Server 2008 可以备份数据库文件和文件组而不是备份整个数据库。如果正在处理大型数据库，并且希望只备份文件而不是整个数据库以节省时间，则选择使用这种备份。有许多因素会影响文件和文件组的备份。由于在使用文件和文件组备份时，还必须备份事务日志，因此不能在选择"在检查点截断日志"选项的情况下使用这种备份技术。此外，如果数据库中的对象跨多个文件或文件组，则必须同时备份所有相关文件和文件组。

2）备份前的计划工作

（1）确定备份的频率。

（2）确定备份的内容。

（3）确定使用的介质。

（4）确定备份工作的负责人。

（5）确定使用在线备份还是脱机备份。

（6）是否使用备份服务器。

（7）确定备份存储的地方。

（8）确定备份存储的期限。

3）创建备份设备

备份设备是用来存储数据库、事务日志或文件和文件组备份的存储介质。执行备份的第一步是创建将要包含备份内容的备份文件。为了执行备份操作，在使用之前所创建的备份文件称为永久性的备份文件，这些永久性的备份文件也称为备份设备。

（1）启动 SQL Server Management Studio，打开 SQL Server Management Studio 窗口，并使用Windows 或 SQL Server 身份验证建立连接。

（2）在"对象资源管理器"中，展开"服务器对象"节点，如图 10-1 所示。

（3）右击"备份设备"项，在弹出的快捷菜单中选择"新建备份设备"选项，打开"备份设备"对话框，如图 10-2 和图 10-3 所示。

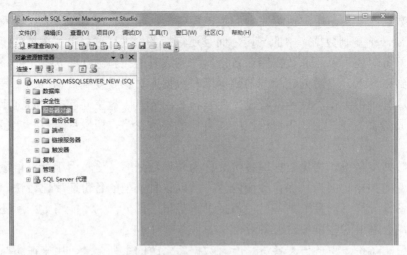

图 10-1 展开"服务器对象"节点

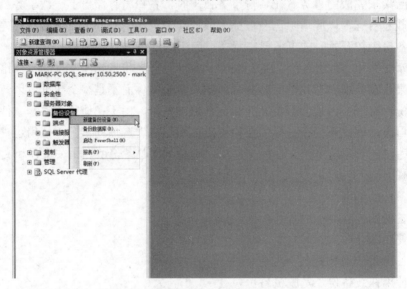

图 10-2 选择"新建备份设备"选项

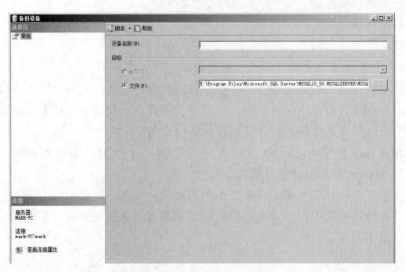

图 10-3 "备份设备"对话框

（4）在"设备名称"文本框中输入"E_business 备份"。设置好目标文件或保持默认值，这里必须保证 SQL Server 2008 所选择的硬盘驱动器中有足够的可用空间，如图 10-4 所示。

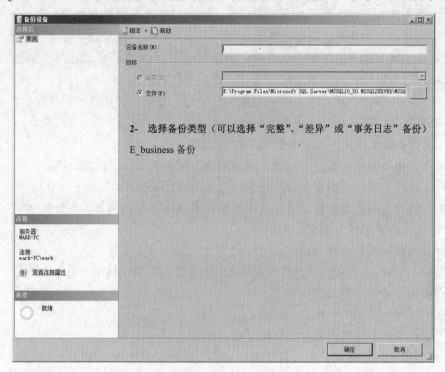

图 10-4　设置备份名称

（5）单击"确定"按钮完成创建永久备份设备。

2．恢复体系结构

1）数据恢复的三种基本模式

（1）简单恢复模式。使用简单恢复模式可以将数据库恢复到上次备份的即时点，但无法将数据库还原到故障点或特定的即时点。使用简单恢复模式时，既可以使用完整数据库备份，也可以使用差异备份，但不能使用事务日志备份。

特点：无日志备份。自动回收日志空间以减少空间需求，实际上不再需要管理事务日志空间。

工作丢失的风险：最新备份之后的更改不受保护。在发生故障时，这些更改必须重做。

能否恢复到时点：只能恢复到备份的结尾。

降低工作丢失风险：不影响备份管理的前提下时常备份，以免丢失大量数据。

适用范围（符合下列所有要求）：

① 不需要故障点恢复。如果数据库丢失或损坏，则会丢失自上一次备份到故障发生之间的所有更新，但用户愿意接受这个损失。

② 用户愿意承担丢失日志中某些数据的风险。

③ 用户不希望备份和还原事务日志，希望只依靠完整备份和差异备份。

（2）完整恢复模式。完整恢复模式可以使用完整数据库备份、差异备份和事务日志备份。正因为它可以使用备份的事务日志，所以它可以将数据库还原到特定的即时点。

特点：需要日志备份。数据文件丢失或损坏不会导致丢失工作。可以恢复到任意时点（如应用程序或用户错误之前）。

工作丢失的风险：正常情况下没有。如果日志尾部损坏，则必须重做自最新日志备份之后所做的更改。

降低工作丢失风险：建议经常执行日志备份，将风险限定在可控范围内。

能否恢复到时点：如果备份在接近特定的时点完成，则可以恢复到该时点。

时点恢复：出现故障后，可以尝试备份"日志尾部"（尚未备份的日志）。如果结尾日志备份时点恢复成功，则可以通过将数据库还原到故障点避免任何工作丢失。

缺点：使用日志备份的缺点是它们需要使用存储空间并会增加还原时间和复杂性。

为进行完整恢复而需进行的一般的备份策略如下。

① 首先完整备份数据库及日志备份。

② 在日志备份后的某个时间，数据库发生错误，接下来先备份活动日志。

③ 然后还原完整数据库备份和日志备份，但是不恢复数据库。

④ 还原并恢复结尾日志备份。这样就完成了恢复到故障点，恢复了所有数据。

适用范围（符合下列任一要求）如下。

① 用户必须能够恢复所有数据。

② 数据库包含多个文件组，并且用户希望逐段还原读/写辅助文件组及可选地还原只读文件组。

③ 用户必须能够恢复到故障点。

④ 用户希望可以还原单个页。

⑤ 用户愿意承担事务日志备份的管理开销。

（3）大容量日志恢复模式。大容量日志恢复模式只对大容量操作进行最小记录（尽管会完全记录其他事务）。大容量日志恢复模式保护大容量操作不受媒体故障的危害，提供最佳性能并占用最少日志空间。如果没有大容量复制操作，大容量日志记录恢复模型和完全恢复模型是一样的，当进行了大容量复制操作后，再备份日志，就不能在这个日志备份集中使用即时点还原（完整恢复模式则可以），这正是与完全恢复模式不同的地方，正因为如此，它备份日志时所需的空间不会多于完全恢复模式下所用的空间。

特点：需要日志备份。是完整恢复模式的附加模式，允许执行高性能的大容量复制操作。通过使用最小方式记录大多数大容量操作，减少日志空间使用量。

工作丢失的风险：如果在最新日志备份后发生日志损坏或执行大容量日志记录操作，则必须冒着工作丢失的风险，重做自上次备份之后所做的更改，否则不丢失任何工作。

能否恢复到时点：可以恢复到任何备份的结尾。不支持时点恢复。

切换到该模式的必要性：对于某些大规模大容量操作（如大容量导入或索引创建），暂时切换到大容量日志恢复模式可提高性能并减少日志空间使用量。仍需要日志备份。

何时使用大容量日志恢复模式：仅在运行大规模大容量操作期间及在不需要数据库的时点恢复时使用该模式。建议在其余时间使用完整恢复模式。当完成一组大容量操作后，建议立即切换到完整恢复模式。

2）数据恢复模式的切换

（1）在 SQL Server Management Studio 中，打开"对象资源管理器"，右击服务器中的"数据库"项，在弹出的快捷菜单中选择"属性"选项，打开"数据库属性"对话框，如图 10-5 和图 10-6 所示。

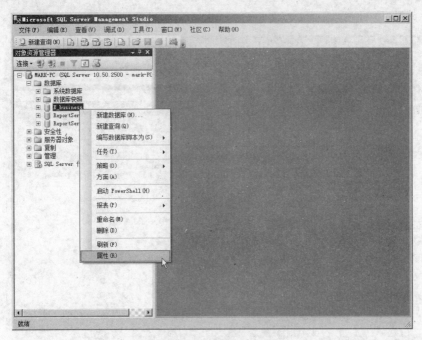

图 10-5 选择"属性"选项

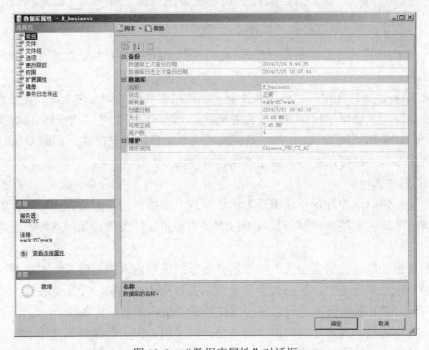

图 10-6 "数据库属性"对话框

（2）在"选择页"中选择"选项"选项，在右侧的"恢复模式"中选择其中某一种恢复模式，单击"确定"按钮，如图 10-7 所示。

3）数据还原的三种基本操作

若要从故障中恢复 SQL Server 数据库，数据库管理员必须按照逻辑正确并且有意义的还原顺序还原一组 SQL Server 备份。SQL Server 还原和恢复支持从整个数据库、数据文件或数据页的备份还原数据，如下所示。

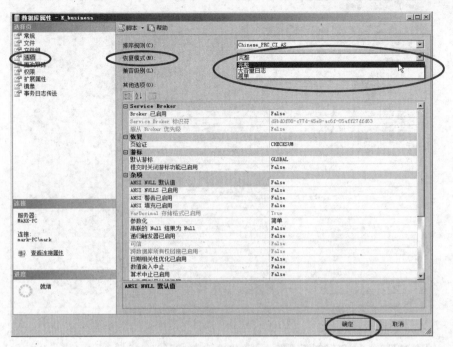

图 10-7 选择恢复模式

（1）数据库（"数据库完整还原"）。还原和恢复整个数据库，并且数据库在还原和恢复操作期间处于脱机状态。

（2）数据文件（"文件还原"）。还原和恢复一个数据文件或一组文件。在文件还原过程中，包含相应文件的文件组在还原过程中自动变为脱机状态。访问脱机文件组的任何尝试都会导致错误。

（3）数据页（"页面还原"）。在完整恢复模式或大容量日志恢复模式下，可以还原单个数据库。无论文件组数为多少，都可以对任何数据库执行页面还原。

4）还原的三种选择

（1）差异备份还原。差异备份还原是为了还原到上一次备份点的数据库而设计的。使用这种模式的备份策略应该由完整备份和差异备份组成。当启用差异备份还原模式时，不能执行事务日志备份。

（2）完整备份还原。完整备份还原用于需要还原到失败点或指定时间点的数据库。使用这种模式，所有操作被写入日志中，包括大容量操作和大容量数据加载。使用这种模式的备份策略应该包括完整备份、差异备份及事务日志备份或仅包括完整和事务日志备份。

（3）日志备份还原。日志还原将减少日志空间的使用，但仍然保持完整还原模式的大多数灵活性。使用这种模式，以最低限度将大容量操作和大容量加载写入日志中，而且不能针对逐个操作对其进行控制。如果数据库在执行一次完整备份或差异备份以前失败，将需要手动重做大容量操作和大容量加载。使用这种模式的备份策略应该包括完整备份、差异备份及事务日志备份或仅包括完整备份和事务日志备份。

☞ 小提示

① 数据还原的前提因素是必须要有一个完整备份，否则将无法进行还原。

② 数据还原顺序是先还原数据库完整备份，再还原数据库差异备份，最后还原日志备份。

任务 3　备份数据库

▌▌任务描述

小王入职的前三个月是试用期，经理要求他针对企业一个新的网站平台的数据库建立一个备份计划。

▌▌任务要点

1. 创建完整备份。
2. 创建差异备份。
3. 创建事务日志备份。
4. 创建文件和文件组备份。
5. 备份压缩。

▌▌任务实现

1. 备份计划的制订考虑因素

1）了解企业网络中有哪些数据，以及它们对企业业务的重要程度

（1）数据对企业的重要性。

（2）数据多久会改变一次。

（3）数据恢复的速度要求有多快。

（4）确定数据恢复的时间目标和恢复点目标。

（5）选择备份存储媒介。

2）建立一个有效的备份和恢复处理流程

（1）确定使用什么样的数据备份方法。

（2）确定每种备份方法的执行时间。

（3）决定恢复处理流程。

（4）每个备份文件允许保存多久的时间，以及备份档案应当保存在什么地方。

2. 制订备份计划

（1）每个星期日的 2:00:00 执行数据库的完整备份。

（2）每个星期一至星期六的 2:00:00 执行数据库的差异备份。

（3）每天在 8:00:00 和 23:59:59 之间、每 1 小时执行数据库的日志备份。

（4）每个月的最后一个星期日的 1:00:00 执行数据库的完整备份。

（5）随着数据库的增大以至于无法在一天之内实现其完整备份，则采用文件备份的方式对其进行备份。

（6）为提高备份的速度，可采用压缩的方式进行备份。

3. 使用 SQL Server Management Studio 创建完整备份、差异备份和事务日志备份

（1）启动 SQL Server Management Studio，打开 SQL Server Management Studio 窗口，并使用 Windows 或 SQL Server 身份验证建立连接。

（2）在"对象资源管理器"视图中，展开"服务器对象"节点，如图 10-8 所示。

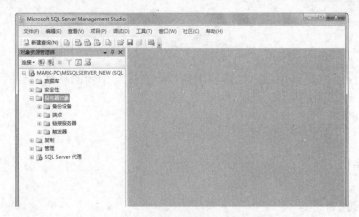

图 10-8　展开"服务器对象"节点

（3）右击"备份设备"项，然后在弹出的快捷菜单中选择"备份数据库"选项，打开"备份数据库"窗口，如图 10-9 和图 10-10 所示。

图 10-9　选择"备份数据库"选项

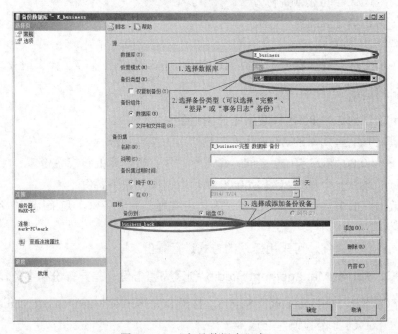

图 10-10　"备份数据库"窗口

（4）设置完成后，单击"确定"按钮，完成选定数据库的完整备份操作。

4. 创建文件或文件组备份

1）启动 SQL Server Management Studio，打开 SQL Server Management Studio 窗口，并使用 Windows 或 SQL Server 身份验证建立连接。

2）创建文件组，将文件加入文件组中

（1）在"对象资源管理器"视图中，展开"数据库"节点，如图 10-11 所示。

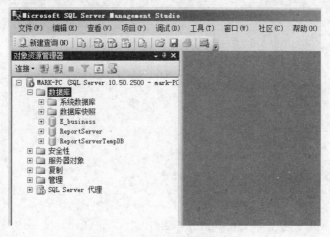

图 10-11 展开"数据库"节点

（2）右击选择的数据库名"E_business"，然后在弹出的快捷菜单中选择"属性"选项，打开"数据库属性"窗口，如图 10-12 和图 10-13 所示。

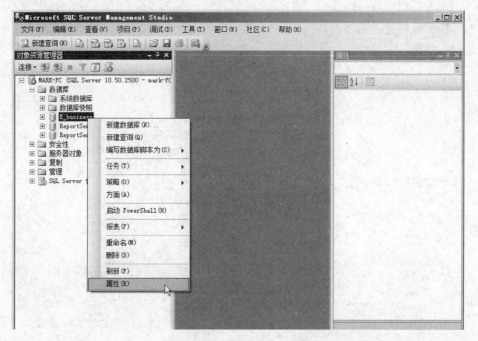

图 10-12 选择"属性"选项

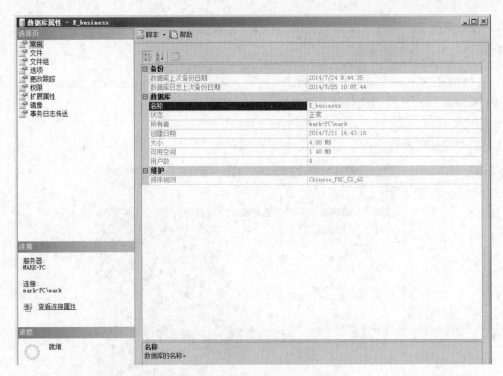

图 10-13 "数据库属性"窗口

（3）在"选择页"的"文件组"中，添加文件组"filegroup01"，如图 10-14 所示。

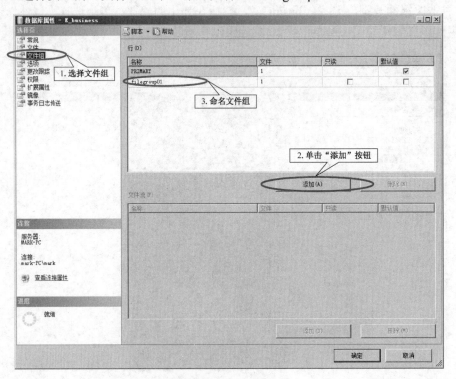

图 10-14 添加文件组

（4）在"选择页"的"文件"中，添加数据库文件"file01"，并将其加入到文件组"filegroup01"中，如图 10-15 所示。

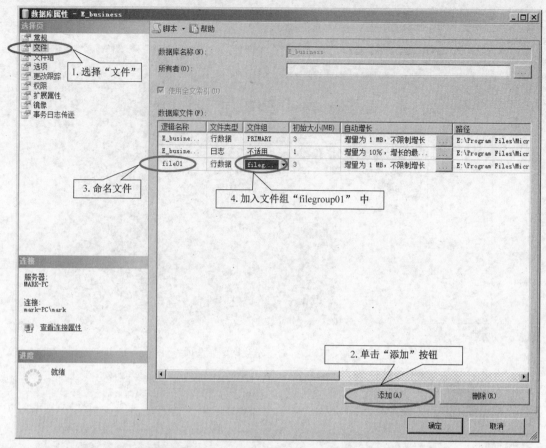

图 10-15　添加数据库文件

（5）设置完成后单击"确定"按钮，完成数据库文件和文件组的创建工作。

3）备份数据库文件和文件组

（1）返回到"对象资源管理器"视图中，展开"服务器对象"节点，如图 10-16 所示。

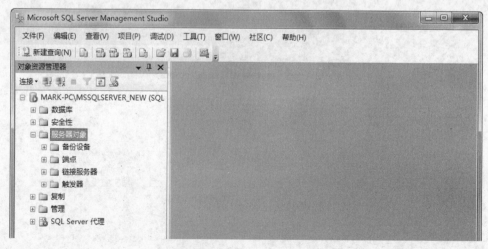

图 10-16　展开"服务器对象"节点

（2）右击"备份设备"项，然后在弹出的快捷菜单中选择"备份数据库"选项，打开"备份数据库"窗口，如图 10-17 和图 10-18 所示。

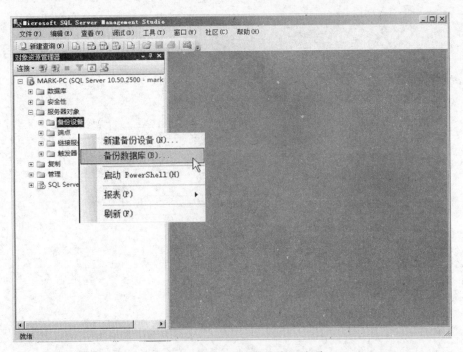

图 10-17 选择"备份数据库"选项

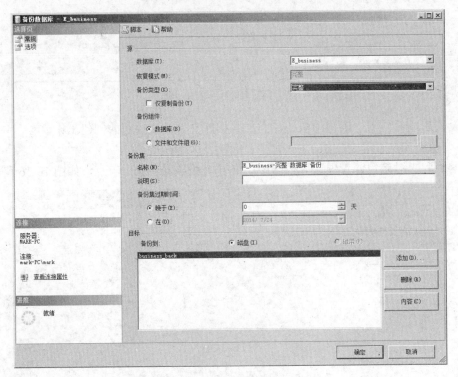

图 10-18 "备份数据库"窗口

（3）选择数据库"E_business"，在"备份组件"中选中"文件和文件组"单选按钮，弹出"选择文件和文件组"窗口，如图 10-19 所示。

（4）选中要进行备份的文件和文件组复选框，单击"确定"按钮，如图 10-20 所示。

（5）返回到"备份数据库"窗口，进行文件组的备份操作，如图 10-21 所示。

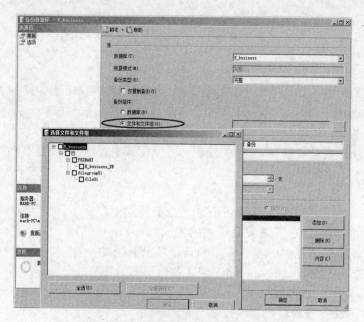

图 10-19　"选择文件和文件组"窗口

图 10-20　选中要备份的文件和文件组复选框

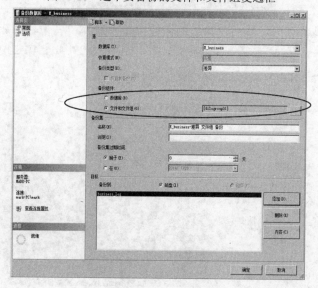

图 10-21　文件组的备份

5. 备份压缩

1）备份压缩概述

（1）备份压缩的优点。

因为相同数据的压缩的备份比未压缩的备份小，所以压缩备份所需的设备 I/O 通常较少，因此可大大提高备份速度。

（2）备份压缩的缺点。

默认情况下，压缩会显著增加 CPU 的使用，并且压缩进程所消耗的额外 CPU 可能会对并发操作产生不利影响。

（3）压缩限制。

① 压缩的备份和未压缩的备份不能共存于一个介质集中。

② 早期版本的 SQL Server 无法读取压缩的备份。

③ NTbackup 无法共享包含压缩的 SQL Server 备份的磁盘。

2）使用 SQL Server Management Studio 创建备份压缩

（1）启动 SQL Server Management Studio，打开 SQL Server Management Studio 窗口，并使用 Windows 或 SQL Server 身份验证建立连接。

（2）在"对象资源管理器"中，展开"服务器对象"节点，如图 10-22 所示。

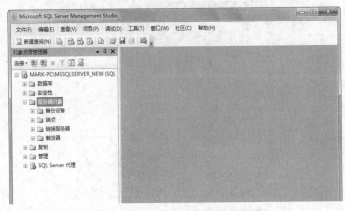

图 10-22　展开"服务器对象"节点

（3）右击"备份设备"项，然后在弹出的快捷菜单中选择"备份数据库"选项，打开"备份数据库"窗口，选择"选择页"中的"选项"选项，如图 10-23 和图 10-24 所示。

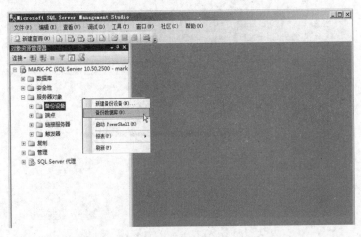

图 10-23　选择"备份数据库"选项

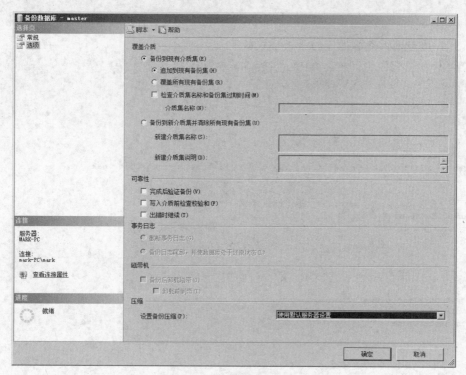

图 10-24 "备份数据库"窗口

（4）设置备份压缩，如图 10-25 所示。

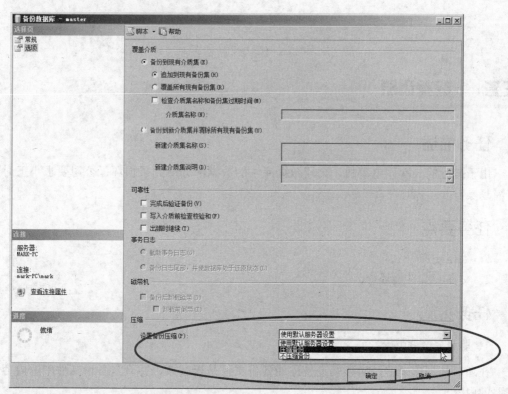

图 10-25 设置备份压缩

☞小提示

使用 SQL 语句进行备份操作的语法格式如下:

```
BACKUP DATABASE { database_name | @database_name_var }
    TO < backup_device > [ , ...n ]
```

【例 10-1】

```
  /* 创建备份设备 business_back */
use E_business
exec sp_addumpdevice 'disk','business_back','e:\back\business_back.bak'
go

  /* 完全备份数据库 E_business 至备份设备 business_back */
backup database E_business
to business_back
go


  /* 差异备份数据库 E_business 到备份文件 business_back_01.bak */
use E_business
backup database E_business
to disk='e:\back\business_back_01.bak'
with differential
go


  /* 创建备份设备business_log */
use E_business
exec sp_addumpdevice 'disk','business_log','e:\back\business_log.bak'
go
  /* 进行事务日志备份 */
backup log E_business
to business_log
go
```

任务 4 　数据还原

▌▌ 任务描述

由于最近的一次停电事故,公司数据库中的数据部分遭到了损坏,公司要求小王对其进行数据恢复操作。

▌▌ 任务要点

1. 数据还原。
2. 文件和文件组还原。

▌▌ 任务实施

1. 验证备份的内容

在还原数据库之前,应该验证使用的备份文件是否有效,并查看备份文件中的内容是否为所需要的内容。

在 SQL Server Management Studio 中,打开"对象资源管理器",展开"服务器对象"→"备份设备"节点,其下的就是备份设备,如图 10-26 所示。

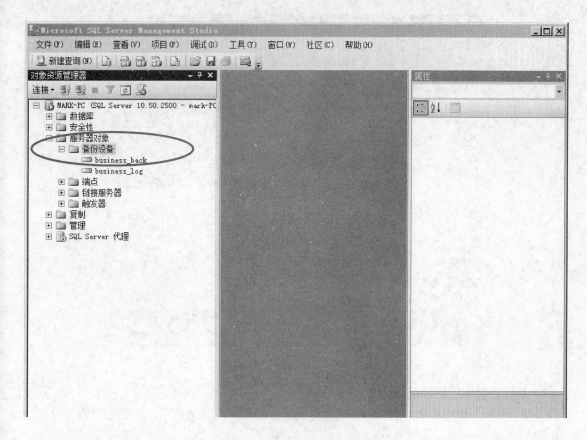

图 10-26 展开"备份设备"节点

2. 使用 SQL Server Management Studio 还原数据库

（1）在 SQL Server Management Studio 中，打开"对象资源管理器"，右击"数据库"项，在弹出的快捷菜单中选择"还原数据库"选项，打开"还原数据库"窗口，如图 10-27 和图 10-28 所示。

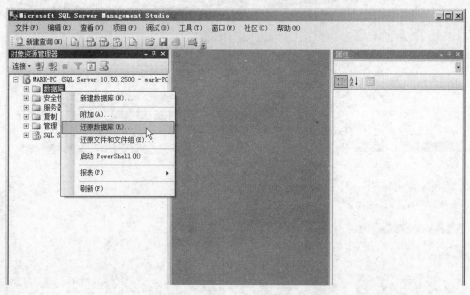

图 10-27 选择"还原数据库"选项

图 10-28　"还原数据库"窗口

（2）从源数据库还原备份数据库。

① 在"常规"选项卡中，依次选择目标数据库、源数据库，然后选择用于还原的备份集，如图 10-29 所示。

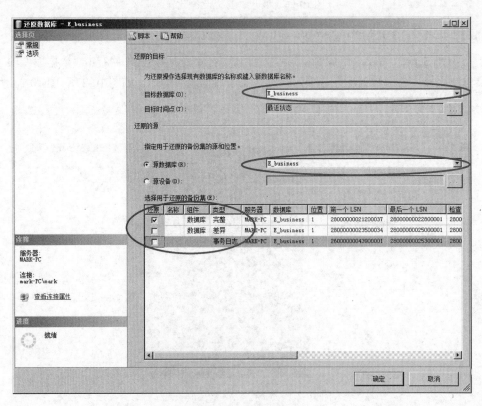

图 10-29　选择还原备份集

② 在"选项"选项卡中，一般需将"还原选项"的前三项选中，单击"确定"按钮完成数据库的还原操作，如图 10-30 所示。

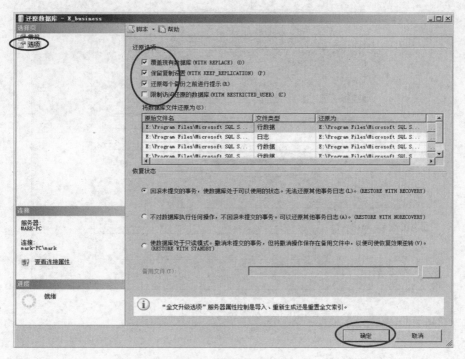

图 10-30　数据库还原操作

（3）从源设备中还原备份数据库。在"常规"页面中，依次选择目标数据库、源设备，在弹出的"指定备份"对话框中选择相应的备份设备，进行数据库的还原，如图 10-31 和图 10-32 所示。

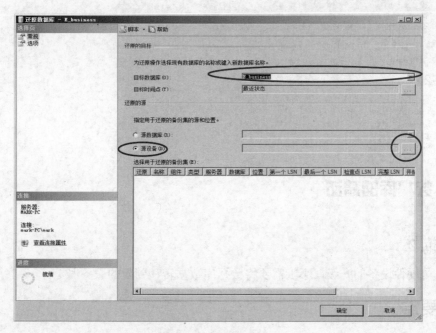

图 10-31　选择备份设备

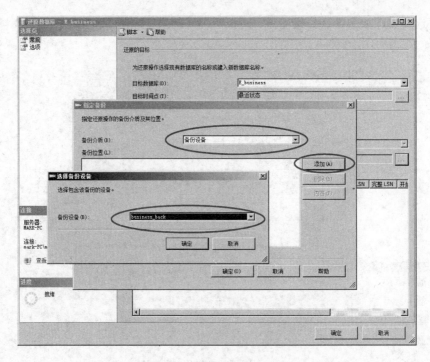

图 10-32　从备份设备还原数据库

☞小提示

使用 SQL 语句恢复数据库，语法格式如下：

```
    RESTORE DATABASE { database_name | @database_name_var }/*指定被还原的目标数据库
*/
    [ FROM <backup_device> [ , ...n ] ]              /*指定备份设备*/
    [ WITH
    {
    [ RECOVERY | NORECOVERY | STANDBY = {standby_file_name |
@standby_file_name_var } ]
    | , <general_WITH_options> [ , ...n ]
```

【例 10-2】

```
    /* 从备份设备 business_back 恢复数据库 */
    restore database E_business
    from business_back
    with file=1,replace
```

任务5　数据库的移动

‖ 任务描述

由于公司硬件设备的升级，小王需要将数据库数据转移到新的服务器上。

‖ 任务要点

1. 分离数据库。
2. 附加数据库。

任务实现

1. 分离、附加数据库的原因

默认情况下，不能对联机状态下的数据库文件进行任何移动、复制、删除等操作，如果要进行这些操作，需要先将数据库分离出来，再对独立出来的数据库文件进行移动、复制、删除操作。而在新的服务器上，只需要将分离出来的数据库文件附加上去就可以对该数据库进行操作了。

2. 使用 SQL Server Management Studio 进行数据库分离

（1）在"对象资源管理器"中选择要分离的数据库并右击，在弹出的快捷菜单中执行"任务"→"分离"命令，如图 10-33 所示。

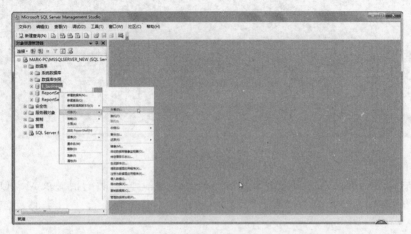

图 10-33　选择要分离的数据库

（2）在弹出的"分离数据库"窗口中，根据需要决定是否删除连接或更新统计信息，单击"确定"按钮进行数据库的分离操作，如图 10-34 所示。

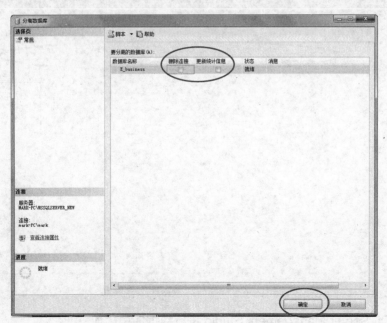

图 10-34　"分离数据库"窗口

（3）分离该数据库后，在"对象资源管理器"中该数据库已经消失，如图 10-35 所示。

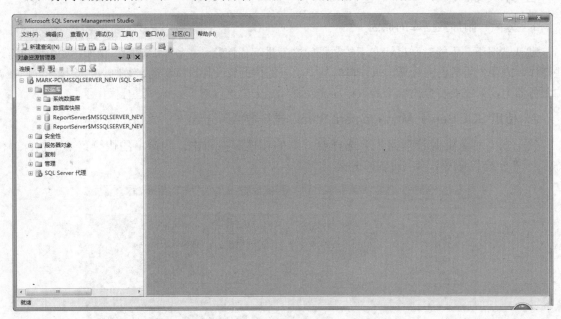

图 10-35　数据库分离的结果

（4）分离后的数据库文件位置。在 SQL Server 2008 数据库安装的根目录\MSSQL\Data\数据库文件（*.mdf，*.ldf），如图 10-36 所示。可以将数据库文件（*.mdf，*.ldf）移动或复制到任何位置，或者删除它们。

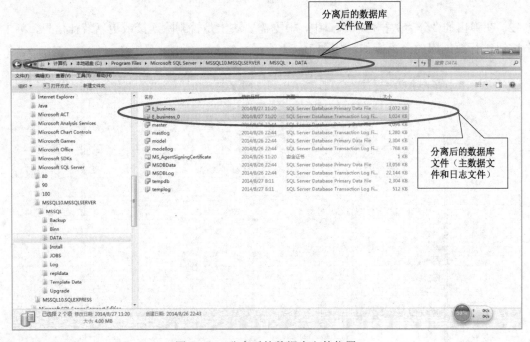

图 10-36　分离后的数据库文件位置

3. 使用 SQL Server Management Studio 进行数据库的附加

（1）在"对象资源管理器"中，选中"数据库"项并右击，在弹出的快捷菜单中选择"附加"

选项，如图 10-37 所示。

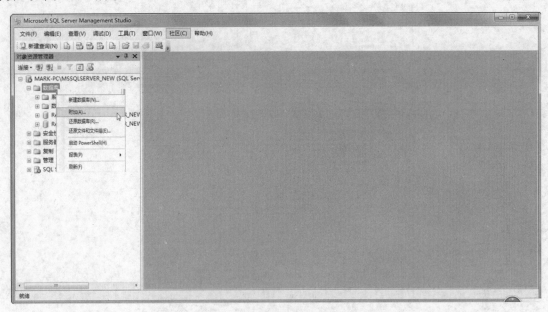

图 10-37　选择"附加"选项

（2）在弹出的"附加数据库"窗口中，单击"添加"按钮，如图 10-38 所示。

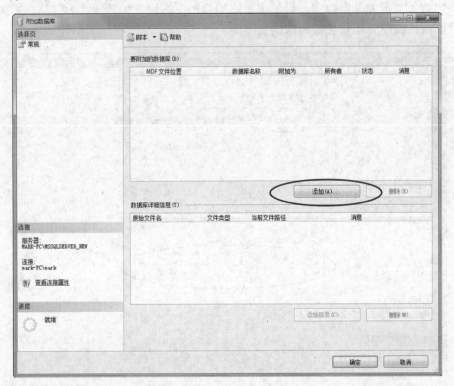

图 10-38　"附加数据库"窗口

（3）在弹出的"定位数据库文件"窗口中，首先在文件类型下拉列表中选择"所有文件"，再从相应的路径中选择所需要附加的数据库文件，单击"确定"按钮，如图 10-39 所示。

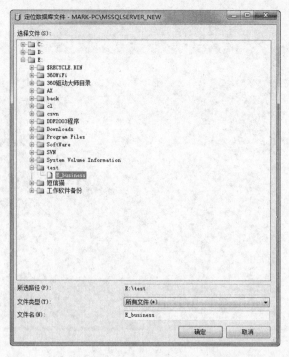

图 10-39 "定位数据库文件"窗口

（4）在"附加数据库"窗口中，显示出了附加数据库的位置和其详细的信息，如图 10-40 所示。单击"确定"按钮开始附加数据库的操作。

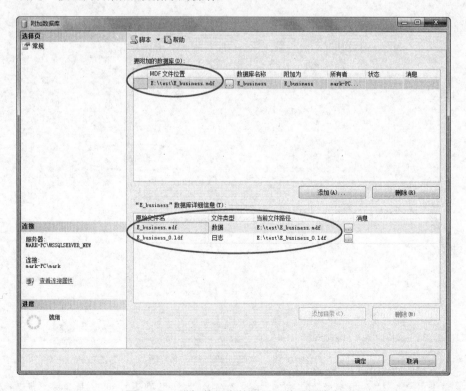

图 10-40 附加数据库的位置及其详细信息

（5）附加成功后，可以在"对象资源管理器"中看到所附加的数据库，如图 10-41 所示。

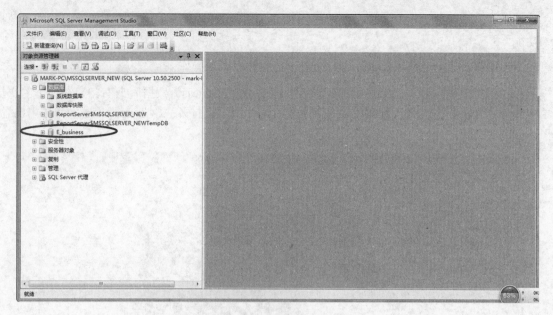

图 10-41　附加数据库成功

☞小提示

SQl Server 2008 附加数据库失败的解决办法。

① 修改权限法。

找到要添加数据库的 ".mdf" 文件, 打开属性对话框, 修改 "安全" 选项卡中的 "Authenticated Users" 用户权限为 "完全控制"。

② 切换身份验证方式法。

断开当前数据库连接, 重新连接数据库, 选择 "SQL Server 身份验证" 方式。

③ 修改服务法。

选择 SQL Server 服务, 打开当前运行中的数据库的属性对话框, 在 "登录" 选项卡中修改内置账户为 "Local System", 重启服务。

任务 6　数据的导入、导出

▌▌任务描述

经理收到了子公司发来的新员工信息, 要求存放到总公司的数据库中。可惜子公司发来的是 Excel 格式的数据文件, 经理要求小王将其导入到数据库中。

▌▌任务要点

1. 数据导入。

2. 数据导出。

▌▌任务实现

1. 了解数据导入、导出的作用

SQL Server 2008 的导入、导出服务可以实现不同类型的数据库系统的数据转换。在该任务中,要实现的就是将 Excel 文件中的数据转换成为 SQL Server 2008 数据库中的数据，使用的就是数据导入功能。

2. 使用 SQL Server Management Studio 实现数据导入操作

（1）在"对象资源管理器"中，在要导入数据的"E_business"数据库上右击，在弹出的快捷菜单中执行"任务"→"导入数据"命令，如图 10-42 所示。打开"SQL Server 导入和导出向导"窗口，如图 10-43 所示。

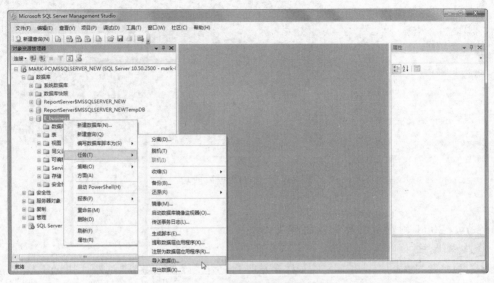

图 10-42　对象资源管理器界面

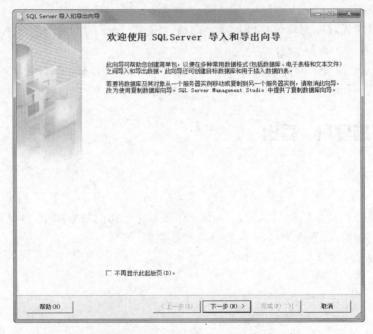

图 10-43　"SQL Server 导入和导出向导"窗口

（2）单击"下一步"按钮，在选择数据源界面，选择需要导入的数据文件，如图 10-44 和图 10-45 所示。数据源就是数据的来源，也就是从什么文件进行导入。这些文件可以是 SQL Server 数据文件、文本文件、Access、Excel、其他 OLE DB 访问接口。

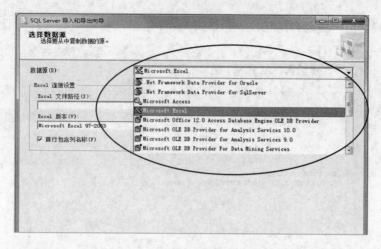

图 10-44　选择数据源类型

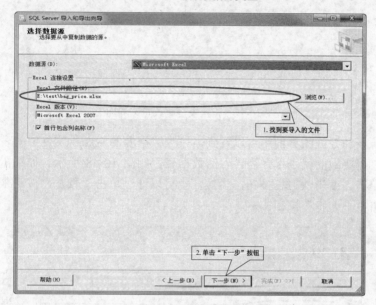

图 10-45　选择数据源路径

（3）选择要导入文件的数据库，如图 10-46 所示。

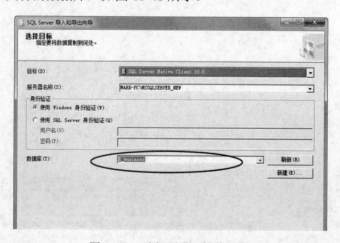

图 10-46　选择要导入的数据库

（4）一般来说，这一步选择默认设置，如图 10-47 所示。

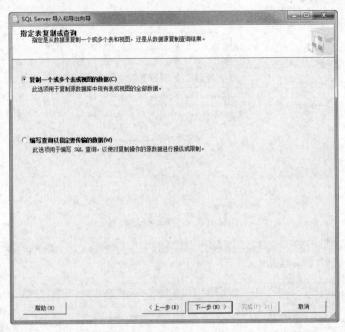

图 10-47　指定表复制或查询界面

（5）在选择源表和源视图界面中可以看到，作为数据源的 Excel 文件中的表已经在该界面中显示出来了，此时需要做的就是选择需导入的数据表，如图 10-48 所示。如果需要对数据表结构进行修改，可以单击"编辑映射"按钮，当然，也可以通过单击"预览"按钮来对要导入的表进行预览，然后单击"下一步"按钮。

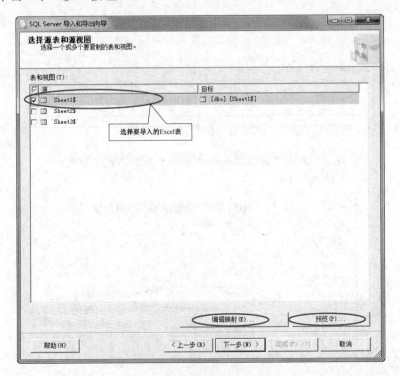

图 10-48　选择要导入的表

（6）默认情况下，是选中"立即运行"复选框的，跟着向导单击"下一步"按钮，如图 10-49 所示。

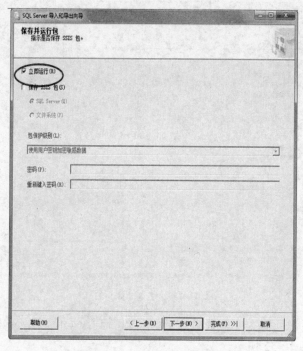

图 10-49 保存并运行包界面

（7）在完成该向导界面，单击"完成"按钮就可以了，如图 10-50 所示。

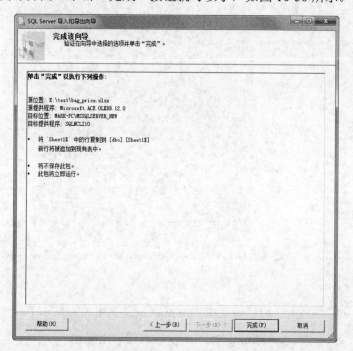

图 10-50 完成数据库的导入

（8）导入成功时，将会显示如图 10-51 所示的信息。

图 10-51　导入结果显示

（9）在"对象资源管理器"中，通过刷新，可以看到数据库"E_business"的表中多了一张"db0.sheet1$"表，如图 10-52 所示。

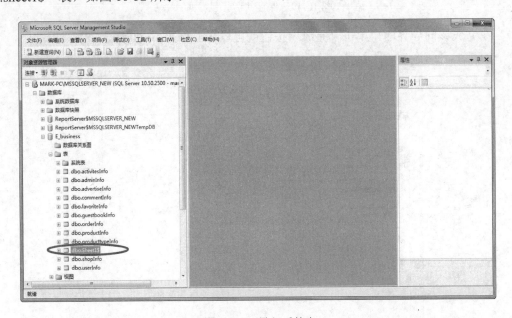

图 10-52　导入后的表

至此，完成外部文件导入，可以对生成的数据库表进行相关的操作了。

3. 使用 SQL Server Management Studio 实现数据导出操作

（1）在"对象资源管理器"中，在要导出数据的"E_business"数据库上右击，在弹出的快捷菜单中执行"任务"→"导出数据"命令，如图 10-53 所示。打开"SQL Server 导入和导出向导"界面，如图 10-54 所示。

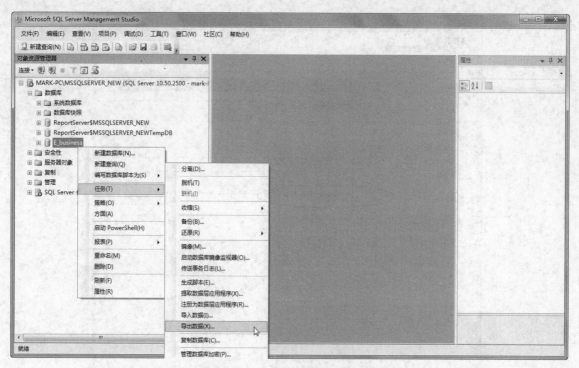

图 10-53　对象资源管理器界面

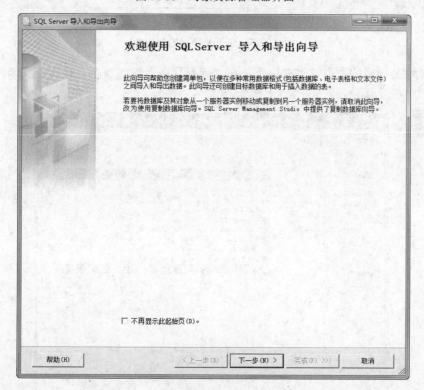

图 10-54　"SQL Server 导入和导出向导"界面

（2）导出数据的数据源就是当前所选择的数据库，如图 10-55 所示。

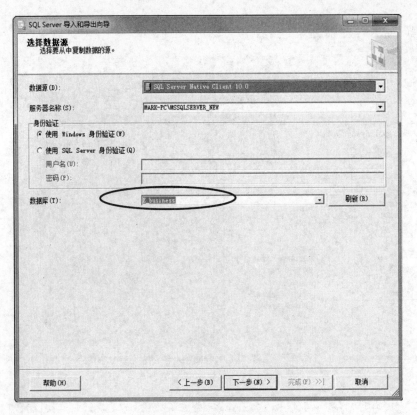

图 10-55　选择要导出的数据库

（3）目标地是导出的数据放置的位置。在"选择目标"这一步中，首先需要选择导出文件的格式，如图 10-56 所示。

图 10-56　选择导出文件格式一

（4）本例中，要求导出的文件为文本格式，因此选择最后一项"平面文件源"，界面发生了变化，如图 10-57 所示。

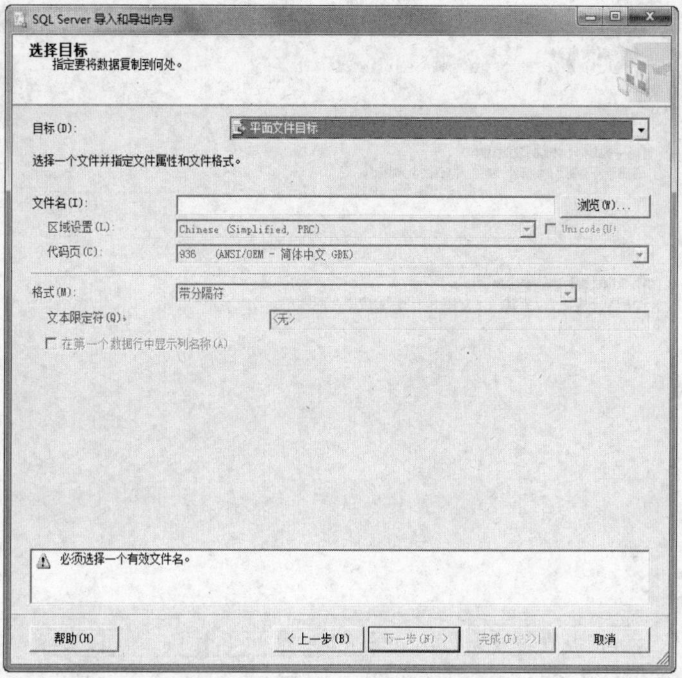

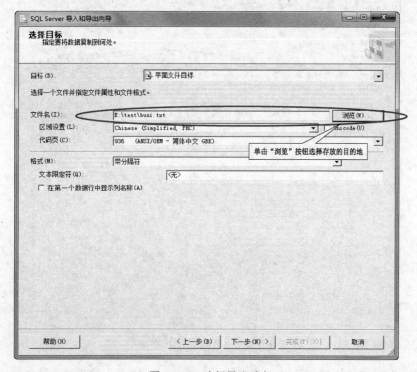

图 10-57　选择导出文件格式二

（5）在该对框中，选择目标文件存放的路径，给出目标文件名，再单击"下一步"按钮，如图 10-58 所示。

图 10-58　选择导出路径

（6）因为只是要把数据导出到文件，这一步无须改动，直接单击"下一步"按钮，如图 10-59 所示。

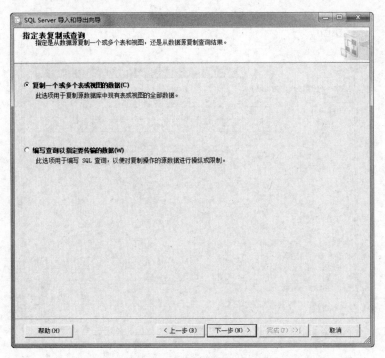

图 10-59　指定表复制或查询界面

（7）在这一步中，选择要导出的表，如图 10-60 所示。

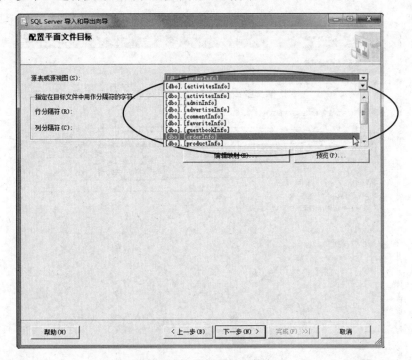

图 10-60　选择要导出的表

（8）接着选择相应的行分隔符和列分隔符，如图 10-61 所示，然后单击"下一步"按钮。

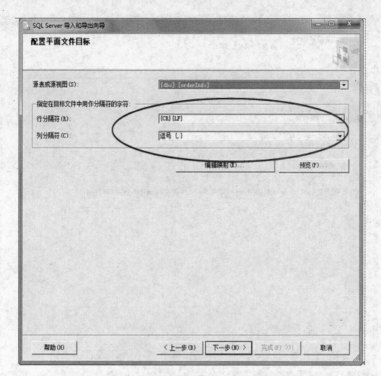

图 10-61 选择行分隔符和列分隔符

（9）保存并运行，实现导出操作，如图 10-62 所示。

图 10-62 实现导出操作

（10）这一步实现向导的完成，如图 10-63 所示。

图 10-63　导出执行

（11）完成后显示出执行成功的对话框，如图 10-64 所示。

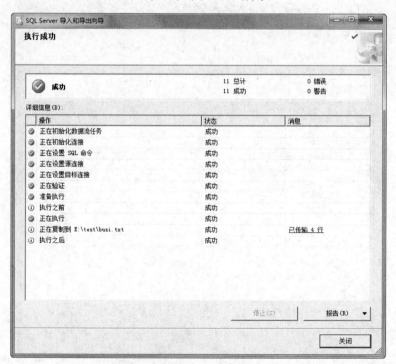

图 10-64　导出完成

（12）导出完成，打开导出的文件"busi.txt"，可以看到所导出的数据，如图 10-65 所示。

图 10-65 导出结果显示

☞小提示

① 在导入数据文件时，要保证该文件是关闭的。

② 某些情况下，计算机上安装的防火墙可能会影响数据导入，此时需要关闭防火墙。

③ 直接使用 Microsoft SQL Server Management Studio 导入或导出数据会丢失主键、视图等，可以在导出时生成脚本，用导入前先运行该脚本再导入的方法试着解决这个问题。

第 11 章　项目实战：建设企业人事管理数据库

数据库是保存数据的仓库，它与后台程序相辅相成，由后台程序对数据库进行操作从而实现数据的更新。所以说，数据库的建设需要按照程序的要求进行规划，从而便于程序功能的实现。

本章以一个具体的项目为例，讲解如何规划和建设一个小型数据库以实现用户需求。

▐▌ 学习目标

1. 学习数据库的需求分析方法。
2. 掌握数据库功能设计方法。
3. 掌握建立数据库的方法。
4. 理解并掌握数据操作的一般方法。
5. 理解并掌握数据库的权限设置方法。

任务 1　认识软件项目开发的基本流程

▐▌ 任务描述

小王所在的公司得到一个新的项目，建立某企业的人事管理系统，公司要求小王完成该系统的数据库建设工作。小王作为该项目的负责人之一，首先必须对项目开发的基本流程进行了解。

▐▌ 任务要点

1. 网站项目开发流程。
2. 数据库在网站项目开发中的作用。

▐▌ 任务实现

1. 认识网站项目开发的总体流程

对于软件项目来说，一般的开发流程包括需求分析、概要设计、详细设计、编码、测试、软件交付、验收、维护这些内容，按阶段划分又可分为计划阶段、需求分析阶段、开发阶段、测试验收阶段和过程总结阶段。

1）项目计划阶段

本阶段的目的是确立项目立项的经济理由。当确定立项后，项目经理开始着手项目相关人员组织结构的定义及配备。开展相关项目规划文档的制订，包括以下几点内容。

（1）项目计划草案。

（2）风险管理计划。

（3）项目开展计划。

（4）人员组织结构定义及配备。

2）项目需求分析阶段

在项目计划方案的基础上详细说明系统将要实现的所有功能及项目使用的工作流程。

网站类项目需要在网站项目草案的基础上确定栏目模块的划分、页面视觉要求及页面策划工作的分配。

确定上述各方面之后，项目经理完成或安排人员完成网站的正式"策划方案"，项目经理提案由公司高层提议，修改签字确定。

3）项目开发阶段

本阶段主要是指项目需求确定后实现项目的过程。在需求分析确定后，项目经理跟进开发进度，严格控制项目需求变动的情况。项目小组成员可按照项目计划方案准备项目运营相关材料。

在开发过程中，由美工根据内容表现的需要，设计静态网页和其他动态页面界面框架，该切分的图片要根据尺寸切割开来。给需要程序动态实现的页面预留页面空间。制定字体、字号、超级链接等 CSS 样式等。同时，程序员着手开发后台程序代码，做一些必要的测试。

美工界面完成后，由程序员添加程序代码，整合网站。

4）项目测试验收阶段

该阶段主要是在项目正式使用前查找项目运行的错误。主要是指参考需求文档的基础上核实每个模块是否正常运行、核实需求是否被正确实施。最后制作帮助文档、用户操作手册，向用户交付必要的产品设计文档，然后进行网站部署、客户培训。

5）项目过程总结

该阶段是在测试验收完成后紧接着开展的工作，主要内容是项目过程工作成果的总结，以及相关文件的归档、备份，相关财务手续的办理。

网站项目开发全过程如图 11-1 所示。

2．认同数据库在网站项目开发中的重要作用

任何程序都不可避免的接触到数据，数据的存储必然涉及数据库，因为程序的功能就是进行数据的加工和处理产生信息供给人们使用。一个良好的数据库系统，对于一个软件来说，起着至关重要的作用。

好的数据库设计可以使网站开发者更方便，会让网站访问起来方便快捷，大大缩短网站访问时间。不良的数据库设计容易造成数据一致性、数据完整性和性能的丧失，从而给系统留下许多隐患，产生许多软件系统的问题。

☞ 小提示

由于数据库设计非常重要，因此诞生了一个新的职业——数据库系统设计师。国家对该职业的认证有如下要求：参与应用信息系统的规划、设计、构建、运行和管理，能按照用户需求，设计、建立、运行、维护高质量的数据库和数据仓库；作为数据管理员管理信息系统中的数据资源，作为数据库管理员建立和维护核心数据库；担任数据库系统有关的技术支持，同时具备一定的网络结构设计及组网能力；具有工程师的实际工作能力和业务水平，能指导计算机技术与软件专业助理工程师（或技术员）工作。

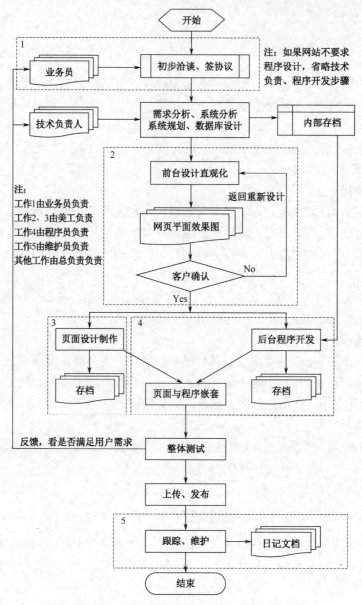

图 11-1　网站项目开发全过程

任务2　学习企业人事管理数据库的需求分析方法

任务描述

项目计划阶段之后，需求分析是接下来的重要环节。需求分析的失误会给后面的编码带来巨大的灾难，也会直接延误工期，造成不必要的损失。在数据库分析阶段，小王倾注了大量的心力和时间。

任务要点

1. 数据库需求分析的概念。

2．需求分析的任务。

3．需求分析的内容。

▋▋ 任务实现

1．数据库需求分析的概念

数据库需求分析是数据库需求分析人员通过调查、分析，确认用户的数据需求。需求分析之所以重要，是因为它具有决策性、方向性、策略性的作用，数据库需求分析是数据库开发的基础，其工作质量的好坏将直接影响到数据库设计乃至整个数据库系统开发工作的成败。

2．需求分析的任务

需求分析的主要任务是通过详细调查要处理的对象，包括某个组织、某个部门、某个企业的业务管理等，充分了解工作概况及工作流程，明确用户的各种需求，产生数据流程图和数据字典，然后在此基础上确定新系统的功能，并产生需求说明书。

需要注意的是，新系统必须充分考虑今后可能的扩充和改变，不能仅仅按当前应用需求来设计数据库。

3．数据库需求分析的内容

数据库需求分析的主要内容是数据结构分析、数据定义分析、数据操纵分析、数据完整性分析、数据安全性分析、并发处理分析、数据库性能分析。

1）数据结构分析

数据结构分析是分析目标系统运行过程中需要的各种数据的结构特征。数据结构包括数据的名称、含义、数据类型、构成等。这些数据有些是业务数据，有些是系统运行管理与维护数据（如运行日志、维护日志），有些是用户注册数据（如用户名称、用户编号）。数据字典是描述数据结构的常用工具。

2）数据定义分析

在数据库系统中，绝大多数数据库基本表、视图、索引、角色等对象是在目标系统实现或初始化阶段创建的，但也有一些是在目标系统安装或正常运行期间动态创建的。数据定义分析是分析目标系统动态创建、修改和删除基本表、视图、索引、角色等数据对象的需求。

3）数据操纵分析

数据操纵分析是分析数据库用户关于数据插入、修改、删除、查询、统计和排序等的数据操纵需求。

4）数据完整性分析

数据完整性分析是分析数据之间的各种联系。数据联系常常在数据字典和 E-R 图中描述。

5）数据安全性分析

数据安全性分析是分析数据库的各种安全需求。根据这些需求，设计人员才能设计数据库的用户、角色、权限、加密方法等数据库安全保密措施。数据安全性需求可以在数据字典中描述。

6）并发处理分析

并发处理分析是数据库需求分析人员在现存系统调查的基础上，分析数据库的各种并发处理需求，为数据库并发控制设计提供依据。并发处理需求可以在数据字典中描述。

7）数据库性能分析

数据库性能分析是数据库需求分析人员在现存系统调查的基础上，分析数据库容量、吞吐量、精度、响应时间、存储方式、可靠性、可扩展性、可维护性等数据库性能需求。

☞小提示

由于软件项目为企业人事管理系统，软件针对的是该中小型企业，因此数据量并不大，在作数据库的需求分析时可不必按照上述规范逐一进行分析论证，可选取其中适合该项目数据库的内容进行分析，以减少工作量和工作难度，配合软件开发进度。

任务3 数据调研和撰写调研报告

▌▌任务描述

小王根据前面对数据库的需求分析设计了调研的内容，确立了调查的方法，并在调研结束时整理出了调研报告，从而为数据库的设计奠定了扎实的数据基础。

▌▌任务要点

1．调研对象的选择。

2．调研任务的确立。

3．调研报告的撰写。

▌▌任务实现

1．确定被调研对象

被调研对象中的人员是业务内容的表述者和提供者，所以被调研人员的素质决定了调研对象原始资料的获取，以下是它的素质要求。

（1）被调研人员本身必须具备基本的语言表达能力，对事物的概括能力。

（2）被调研人员本身必须熟悉本职工作的详细内容，并对本职工作具有丰富的经验。

（3）被调研人员本身必须具有基本的合作精神。

（4）被调研人员本身了解调研的作用和目的。

对于企业人事管理数据库来说，客户方的要求是完成员工基本信息、员工出勤情况和员工任务完成情况的管理工作，在设定被调研对象时，需要考虑到管理以上三种信息的部门。通常情况下，员工基本信息和员工出勤都是由企业的人力资源部门进行考核和管理，而员工任务完成情况一般由员工所在的部门经理、项目经理联合考核，因此，调研对象不仅是企业的人力资源部门，还应该对企业各层级的部门经理、项目经理制定对应的调查任务，以期最大可能性地全面了解客户当前需求及潜在需求，为项目的顺利实施奠定基础。

2．确定调研任务

1）员工基本信息管理

（1）数据库应涵盖员工的基本信息，包括员工姓名、工号、性别、年龄、民族、籍贯、身份证号、专业、毕业学校、学历、所属部门、职位、职称、基本工资、入职时间、婚姻状况、电话号码、家庭住址、电子邮箱、QQ号码等。

（2）员工信息数据允许人力资源部门对其进行增加、修改、删除、查询操作。

（3）员工信息数据允许入职员工本人和上层领导进行查询操作。

2）员工出勤管理

（1）出勤管理包括员工的工号、部门编号、考勤日期、考勤类型等。

（2）出勤管理允许人力资源部门对其进行增加、修改、删除、查询操作。

（3）出勤管理允许入职员工本人和上层领导进行查询操作。

3）员工任务完成情况管理

（1）员工任务完成情况由部门经理和项目经理共同认定，包括项目角色、项目责任比例、项目完成比例统计、项目进度情况等。

（2）员工任务完成情况由部门经理进行统计和管理，允许对其进行增加、修改、删除、查询操作。

（3）员工任务完成情况允许项目经理和高层进行查询操作。

3．设计制作调研任务书

根据调研任务，仿照调研任务书的格式（图 11-2），完成需求调研。

图 11-2　调研任务书的格式

4．确立调查方法

调查研究工作的方法是指调查的途径、手段。针对企业的人事管理，通常可以采用两种方法进行调查：访谈调查法和统计调查法。

1）访谈调查法

访谈调查法要求访谈者不仅要做好访谈前的各项准备工作，而且要善于进行人际交往，与被访谈者建立起基本的信任和一定的感情，熟练地掌握访谈中的提问、引导等技巧，并根据具体情况采取适当的方式进行面谈。

2）统计调查法

统计调查法是利用固定统计报表的形式，把下边的情况反映上来，通过分析而进行的一种常用的调查研究方法。

在实际调查过程中，这两种方法经常结合使用。

5．制作和填写调研报告

调研报告主要包括两个部分：一是调查，二是研究。调查工作主要包括计划、实施、收集、整理等一系列过程，而研究是指在调查的基础上，认真分析，透彻地揭示事物的本质。

一般来说，调研报告具有一定的格式要求，下面是数据库调研报告的基本格式，如图 11-3 和图 11-4 所示。

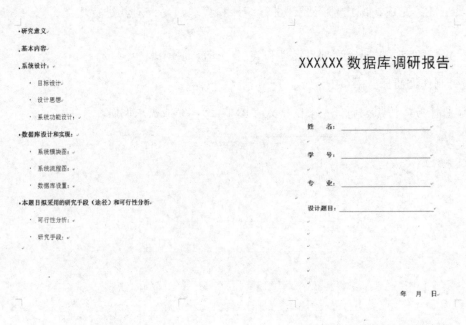

图 11-3　数据库调研报告内容　　　　　　图 11-4　数据库调研报告封面

☞小提示

在实际应用中，还可以灵活地运用数据库需求分析工具进行分析。常用的数据库需求分析工具有数据流程图、数据字典、判定表、判定树、结构化自然语言、伪代码、层次方框图、Warnier 图、IPO（Input、Process、Output，输入、处理、输出）图、统一建模语言（Unified Modeling Language，UML）等。

任务 4　数据库整体功能设计

任务描述

在前面调研的基础上，小王对项目的基本需求有了大致的认识，进而从数据的角度进行数据库的整体功能设计。

任务要点

分析人事管理数据库的整体功能。

任务实现

分析人事管理数据库的整体功能构成

1）员工基本信息管理

员工入职后，企业的人力资源部门会为员工建立专门的档案，也会在数据库中录入关于员工个人信息的记录。对于员工个人来讲，他们只有查看的权利而没有修改的权利，只有人力资源部门才有对员工信息的录入、修改权利，而员工离职时，也是由人力资源部门对员工的个人信息进行隔离或删除。

从员工基本信息管理的功能来讲，人力资源部门除了对每位员工信息进行基本的增、删、改、查操作之外，还应该配合部门和公司的要求，通过查询的方式筛选出符合部门要求的人员信息，或是进行相应的人数统计，保证企业各个部门能够得到合适的人员，保证企业项目工程的顺利开展和实施。

2）员工出勤管理

员工出勤管理是人力资源管理的一个重要内容，它是员工考核和绩效管理的基础，也间接影响了员工的工资。对于每个员工来讲，他们可以通过自己的账号查看出勤情况，但无权修改出勤信息。人力资源部门负责对员工的出勤信息进行登记和修改。另外，企业的各部门领导可以对属下员工的出勤情况进行查看，人力资源部门也可以通过数据库查找的方式统计出全勤员工或出勤状况不佳的员工提供给相应的部门领导，从而作为员工考核的重要依据。

3）员工基本工资管理

从实际工作来讲，工资管理属于企业绩效管理的一部分，其中包括很多内容，涵盖员工的所有工作的成绩，人力资源部门在进行工资管理时，会根据部门信息对员工的工资按项统计和计算。

对于企业人事管理数据库来讲，为了便于学生学习和掌握数据库的分析方法，使数据库显得更加清晰，在该数据库中，除去了关于项目绩效和员工因工作变动造成的工资变化，只集中在员工每月的基本工资这一块，影响因素只考虑到出勤对工资的影响。

对员工基本工资的功能考虑方面，既要保证员工通过个人账号可以查看自己的工资情况，又要保证人力资源部门只有有相应权限的人员才能进行基本工资信息的修改。

☞小提示

数据库设计在整个软件开发中起着举足轻重的作用，数据库与需求是相辅相成的，数据库的设计难度要比单纯的技术实现难很多，它充分体现了一个人的全局设计能力和掌控能力。

任务 5　数据表和表间关系的设计

任务描述

通过数据库整体功能设计，小王已经明确了数据库要配合后台程序所要实现的功能，下一步就是根据这些功能进行数据表的设计，构建数据字典，建立表间关系。

任务要点

1. 分析各种表的信息构成。

2．根据分析构建数据字典。

3．学习表间关系的建立方法。

任务实现

1．分析员工信息构成

对于企业人事管理数据库来说，员工的基本信息是其中的一个大的类目，企业的人事管理也建立在对员工基本信息的管理上。

在数据库的表设计上，需要考虑将员工信息进行分类存入不同的表，便于管理和随后的数据操作。

1）分析员工基础信息构成

从前面的调研结果来看，员工在入职时一般都会有个人简历（表 11-1），这里包含了员工的个人基础信息。

表 11-1　个人简历表

个人简历			
姓名		QQ 号码	
目前所在地		民族	
政治面貌		籍贯	
婚姻状况		年龄	
求职意向			
人才类型			
应聘职位			
工作年限		职称	
求职类型		可到职日期	
月薪要求		希望工作地区	
个人工作经历			
教育背景			
毕业院校		毕业时间	
最高学历			
所学专业			
培训经历			
个人技能			
计算机水平			
外语水平			
普通话水平		粤语水平	
自我评价			

从这张个人简历表中，可以提取出很多信息，如姓名、年龄、性别、民族、籍贯、婚姻状况、求职意向、人才类型、应聘职位、工作经历、专业、学历、毕业学校、培训经历、计算机水平、外语水平、普通话水平、粤语水平、QQ 号码、家庭住址等。根据这些信息和程序设计需要，可以建立员工基础信息表。

（1）数据表名设计

设计原则：所有的库名、表名、字段名必须遵循统一的命名规则，并进行必要说明，以方便设计、维护、查询。在本例中约定，表名大写字母开头，因此，设计基础数据表名为 BaseInfo 。

（2）数据表字段设计

① 字段名：在数据表中，字段名不允许出现汉字，熟悉英语的可以使用英语单词作为字段名，如 "name"，不熟悉的可以使用汉语拼音，如 "xingming"。

② 字段类型：字段的数据类型由字段值来决定。比如 "姓名" 字段，存放每个员工的姓名，就可以把这个字段的类型定义成字符型。是用定长字符类型 "char" 或是变长字符类型 "varchar"，则根据企业服务器的容量和性能来确定。再比如身份证号这个字段，虽然身份证号是由数字构成，但由于身份证号并不能改变，而每个人的身份证号长度又是一致的，因此身份证号的数据类型规定成为定长的字符型，也就是 "char" 型。

③ 字段大小：字段的长度也是由字段值决定的，比如说姓名字段，大多数人的名字是 2~4 个汉字，但也有可能员工是少数民族的，长度可能不止 4 个，姓名这个字段的长度设置需要充分考虑到这些因素，既保证长度足够放下所有的员工姓名，又不会浪费太多的空间。而身份证号这个字段的长度都是一样的，设计长度为 18 位就可以了。

④ 是否为空：这个字段值只有两种——空值或是非空值，根据实际情况来确定这个字段是否为空值。比如，姓名字段，是不能为空值的，否则不知道这是哪位员工的记录，身份证号也不可能为空，因为每个员工都必须有身份证号。而像工作经历、培训经历等字段，有可能因为这位员工是新毕业的大学生而没有这些经历，所以这些字段是可以为空值的。

⑤ 约束条件：约束条件有主键或外键约束和自定义约束。

主键或外键约束。主键是主关键字的简称，主关键字是表中的一个或多个字段，它的值用于唯一地标识表中的某一条记录。成为主键的字段必须满足两个条件：一是主键字段值不重复性；二是主键字段值非空性。外键是用来控制数据库中数据的数据完整性的。当对一个表的数据进行操作时和它有关联的一个或更多表的数据能够同时发生改变。

在实际工作中，主键的约定通常选取不会发生重复的编号字段。在本例中，约定员工编号字段作为主键。

自定义约束。约束是在表中定义的用于维护数据库完整性的一些规则，通过为表中的列定义约束可以防止将错误的数据插入表中，也可以保持表之间数据的一致性。

在对于员工基础信息来说，有些字段的值必须是确定的，如性别字段，只能填 "男" 或 "女"，婚姻状况只能填 "已婚" 或是 "未婚"，身份证号只能有 18 位，这些约束条件都将在表创建后立即进行约束的创建。

⑥ 说明：是对字段属性的一个说明，通常用汉字描述出来。

（3）数据字典的书写

根据以上分析，确定要放入员工信息基础表的字段，并以此形成基础信息表数据字典，如表 11-2 所示。

表 11-2　基础信息表数据字典

字段名称	数据类型及大小	是否为空	约束条件	说明
B_PerId	VARCHAR(10)	NOT NULL	主键	员工编号
B_PerName	VARCHAR(20)	NULL	无	员工姓名
B_Sex	CHAR(2)	NULL	无	性别
B_BirthDate	DATETIME	NULL	无	出生日期
B_DateIntoCompany	DATETIME	NULL	无	进公司日期
B_MarriaGestatus	CHAR(4)	NULL	无	婚姻状况
B_politicalStatus	VARCHAR(50)	NULL	无	政治面貌
B_NationaLity	VARCHAR(20)	NULL	无	民族
B_NativeProvince	VARCHAR(20)	NULL	无	籍贯
B_AdvancedDegree	VARCHAR(50)	NULL	无	学历
B_Professional	VARCHAR(50)	NULL	无	专业
B_School	VARCHAR(50)	NULL	无	学校
B_QQ	VARCHAR(20)	NULL	无	QQ 号码
B_Address	VARCHAR(50)	NULL	无	地址
B_Email	VARCHAR(30)	NULL	无	E-mail
B_Telephone	VARCHAR(20)	NULL	无	电话
B_IDcard	VARCHAR(18)	NULL	无	身份证号
B_PersonaLResume	nText	NULL	无	简历

2）分析员工入职信息

作为员工，个人信息还包括他的入职信息，根据前面的调研工作，入职信息一般包括以下内容：员工的入职时间、所在部门、员工编号、职位、简历档案、合同编号、合同期限、合同到期日期等，这些信息形成了员工入职信息表。和基础信息的分析相同，建立入职信息表的数据字典，如表 11-3 所示。

表 11-3　入职信息表数据字典

字段名称	数据类型及大小	是否为空	约束条件	说明
P_PerId	VARCHAR(10)	NOT NULL	主键	员工编号
P_DepName	VARCHAR(20)	NULL	无	所在部门
P_PosName	VARCHAR(50)	NULL	无	职位
P_PosTitle	VARCHAR(50)	NULL	无	职称

2. 员工出勤管理分析

在人事管理系统中，出勤管理是其中的一个大项。在实际中，管理和记录工作非常需要快速获知各个部门员工的每日出勤情况，以便于及时向高层管理者反映员工的出勤、缺勤情况（包括迟到、早退、旷工、病假、事假、出差、加班等情况）。好的出勤管理系统更有利于提高出勤管理效率，工作人员能够在各个岗位上的工作状态得到及时的反馈，降低资源浪费，同时增强员工管理的透明度及约束员工自觉遵守出勤制度。

从管理上来讲，出勤管理既是企业对员工的基本考核中非常重要的一项，同时它又关系到员工的薪资发放，因此，在设计其对应的数据库表时，应当充分考虑到其与薪资管理表的对接问题。也就是说，在约束条件中，要充分考虑到主键和外键的设计，如表 11-4 所示。

表 11-4　出勤表的数据字典

字段名称	数据类型及大小	是否为空	约束条件	说明
A_AttId	VARCHAR(50)	NOT NULL	主键	考勤号
A_PerId	VARCHAR(10)	NULL	外键，关联 Perionfo	员工编号
A_AttTypes	VARCHAR(50)	NULL	无	考勤类型
A_AttTime	DATETIME	NULL	无	考勤日期

3．员工薪资管理分析

在企业中，虽然财务部门负责薪资的发放，但薪资的数据计算很多是由人力资源部门来进行的。在实际的企业环境中，薪资所涉及的内容非常广泛，主要包括应发部分和扣除部分。应发部分包括基本工资、各种补贴、年限工资、加班工资、奖金等，而扣除的部分包括按国家规定必须扣除的三险一金、出勤扣除、过失扣除、企业预留金等，其计算方法非常细致和烦琐。

为了分析的简便，在设计该薪资表时，去除许多不确定因素，保留常见的薪资项，应发部分只保留基本工资和奖金，在扣除部分只保留三险一金和出勤扣除罚金，最大可能地在模拟真实的情况下降低设计难度，如表 11-5 所示。

表 11-5　薪资表的数据字典

字段名称	数据类型及大小	是否为空	约束条件	说明
W_WageId	VARCHAR(20)	NOT NULL	主键	工资号
W_PerId	VARCHAR(10)	NULL	外键，关联 Perionfo	员工编号
W_BasicWage	INT(10)	NULL	无	基本工资
W_FinalWage	INT(10)	NULL	无	实发工资
W_WageYear	DATETIME	NULL	无	工资年份
W_WageMonth	TINTINI	NULL	无	工资年月
W_RetireInsurance	INT(10)	NULL	无	养老保险
W_Medicalinsurance	INT(10)	NULL	无	医疗保险
W_EmployInsurance	INT(10)	NULL	无	失业保险
W_HousingFund	INT(10)	NULL	无	住房公积金
W_AwardMoney	INT(10)	NULL	无	奖金
W_FinedMoney	INT(10)	NULL	无	出勤罚金

4．企业人事管理系统各表间关系的建立

根据前面的分析，总共建立了四张表：员工基础信息表、员工入职信息表、员工出勤表、员工薪资表。在实际操作中，使用主键和外键来确立表间关系。根据前面的分析，员工出勤表和员工薪资表中都有一个字段"员工编号"是与员工入职信息表相关联的，因此"员工编号"这个字段成为了连接后三张表的基础，在进行表间查询的时候，建立几张表之间的连接关系就是依赖于两张表都有相同的字段。因此，"员工编号"字段既作为员工入职信息表中的主键，又作为员工出勤表和员工薪资表中的外键。

从本例来看，当在对员工出勤表和员工薪资表进行数据操作时，前提是员工入职表中有该员

工的入职信息，而要删除员工入职信息表中的某个员工的记录时，也必须先删除员工出勤表和员工薪资表中的相关数据。用主键、外键控制的表间关系确定了几张表之间的数据联动，从而保证数据的完整性和一致性。

一些需要考虑的特定情况：

（1）外键字段可以包含 NULL 值。主键字段永远不可以包含 NULL 值，因为它们必须唯一。

（2）当删除员工入职信息表记录时，则员工出勤表和员工薪资表中的相关外键记录必须也被级联删除，或者先从员工出勤表和员工薪资表中删除。

☞ 小提示

① 数据字典。数据字典是对于数据模型中的数据对象或项目的描述的集合，用来描述数据库中基本表的设计，主要包括字段名、数据类型、主键、外键等描述表的属性的内容。数据字典的建立有助于程序员和其他需要参考的人。数据字典最重要的作用是作为分析阶段的工具。

② 表间关系。表间关系是用来显示一个表中的列与另一个表中的列是如何相连接的。在一个关系型数据库中，利用关系可以避免多余的数据。

任务6 完成数据库设计文档

▌任务描述

文档的撰写在项目过程中有着非常重要的作用，数据库的设计完成后，小王撰写了该人事管理数据库的设计文档，以备将来的查阅和软件产品的交付。

▌任务要点

1. 数据库设计文档的基本格式。
2. 数据库设计文档的基本内容。

▌任务实现

1. 数据库设计文档的基本格式

1.引言
　1.1 编写目的
　1.2 背景
　1.3 参考资料
2.外部设计
　2.1 标识符和状态
　2.2 使用它的程序
3.结构设计
　3.1 概念模型设计
　3.2 逻辑结构设计
　3.3 物理结构设计
4.运用设计

4.1 数据字典设计

4.2 安全保密设计

2．人事管理数据库的设计文档示例

1.引言

本文按照数据库系统设计的基本步骤，采取了事先进行需求分析，然后进行数据库的概念设计和逻辑结构设计，进行数据库详细设计的方法，完成了企业人事管理系统数据库系统的设计。最终，在 SQL Sever 2008 完成的人事管理系统，可以实现对员工基础档案信息的管理、员工入职信息的管理、员工出勤管理、员工薪资管理。

1.1 编写目的

现代信息技术的发展，在改变着人们的生活方式的同时，也改变着人们的工作方式，使传统意义上的人事管理的形式和内涵都在发生着根本性的变化。在过去，一支笔和一张绘图纸，可能就是进行办公的全部工具。现在，计算机、扫描仪和打印机等，已基本取代了旧的办公工具。如今，人事管理已完全可以通过计算机进行，并在计算机辅助下准确快速地完成许多复杂的工作。这些都大大减少了人事管理的工作。因此，在现代化的进程中，引入现代管理的思想，建立一套可面向企事业单位人事的信息管理系统，也是十分必要的。

1.2 背景

随着数据库技术和网络技术的发展，数据库的互联技术正成为世界计算机领域研究的热点，基于 Web 的管理信息系统的研究正成为 MIS 研究的主流。与此同时，Internet 的发展与普及，国内许多企业已经建有自己的企业人力资源管理软件，为企业的快速运营提供了很大方便。但是对于有些中小企业来说，不需要大量的数据库，所以他们的目标是开发一个功能实用、操作简单的人事管理系统。

1.3 参考资料

李玲．人事管理系统．湖南工学院．数据库课程设计．

杨升平，程春喜．中小企业人事管理系统的设计与实现．株洲职业技术学院本科论文．2004.80-120.

谭聪．企业人事管理系统概要设计说明书．信息科学与工程学院本科论文．2011:0803.

2.外部设计

2.1 标识符和状态

数据库中的所有表均以大写字母开头，如出勤表名称为"AttInfo"。

数据表中所有字段均以表名的首字母加下画线作为前缀，如出勤表中的出勤类型字段名为"A_AttTypes"。

2.2 使用它的程序

本数据库专为企业的人事管理系统设立，通过该系统将数据库中的相关数据显示在页面上。

3.结构设计

3.1 概念模型设计

根据系统需求分析，得出人事管理系统数据库的概念模型（信息模型），可以用 E-R 图表示人事管理系统的概念模型，人事管理数据库 E-R 图如图 11-5 所示；人事管理基本信息、入职信息、考勤信息、薪资信息等 E-R 图如图 11-6～图 11-9 所示。

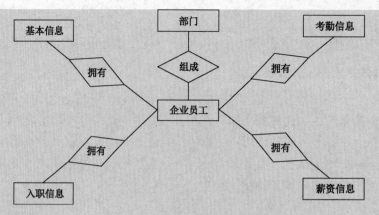

图 11-5　人事管理数据库 E-R 图

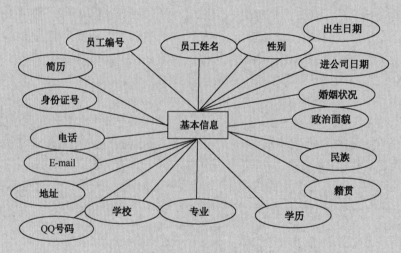

图 11-6　基本信息 E-R 图

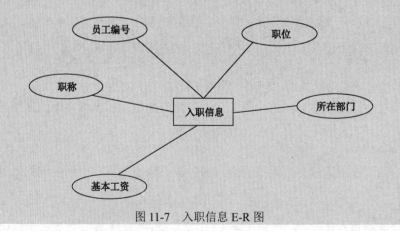

图 11-7　入职信息 E-R 图

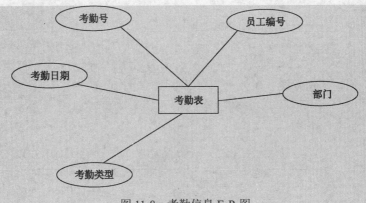

图 11-8 考勤信息 E-R 图

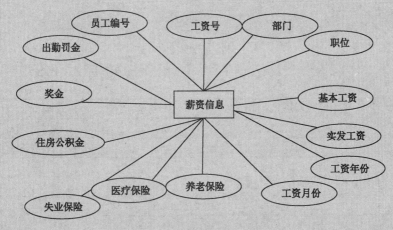

图 11-9 薪资信息 E-R 图

3.2 逻辑结构设计

将人事管理系统的 E-R 图转换为关系数据库的数据模型，其关系模式如下。

（1）员工基本信息表（员工编号、员工姓名、性别、出生日期、进公司日期、婚姻状况、政治面貌、民族、籍贯、学历、专业、学校、QQ 号码、地址、E-mail、电话、身份证号、简历）

（2）员工入职信息表（员工编号、职位、所在部门、基本工资、职称）

（3）员工考勤表（考勤号、员工编号、部门、考勤类型、考勤日期）

（4）员工薪资表（员工编号、工资号、部门、职位、基本工资、实发工资、工资年份、工资月份、养老保险、医疗保险、失业保险、住房公积金、奖金、出勤罚金）

3.3 物理结构设计

数据库物理设计阶段的任务是根据具体的计算机系统（DBMS 和硬件等）的特点，给定的数据库系统确定合理的存储结构和存取方法，所谓的"合理"主要有两个含义：一个是要使设计出的物理数据库占用较少的存储空间；另一个是对数据库的操作具有尽可能高的速度。主要体现在后者。

根据硬件设备和数据库平台系统，对数据库系统的物理储存结构进行规划，估计数据库的大小、增长速度、各主要部分的访问频度等。确定数据文件的命名、日志文件的命名。数据文件和日志文件的物理存放位置如果有多个存储设备，需要规划数据文件的组织方式。

一般来说，数据库系统会自动维护系统内存，但有时为了某些性能问题，可以根据需要对数据库的内存管理进行另行配置。

数据库物理模型如图 11-10 所示。

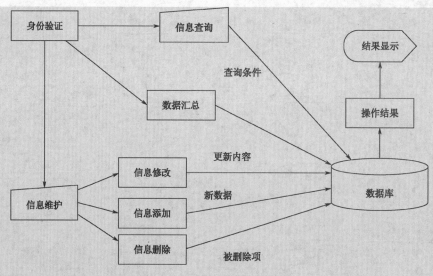

图 11-10　数据库物理模型

4.运用设计

4.1 数据字典设计（图 11-11～图 11-14）

字段名称	数据类型及大小	是否为空	约束条件	说明
B_PerId	VARCHAR（10）	NOT NULL	主键	员工编号
B_perName	VARCHAR（20）	NULL	无	员工编号
B_Sex	CHAR（2）	NULL	无	性别
B_BirthDate	DATETIME	NULL	无	出生日期
B_DateIntoCompany	DATETIME	NULL	无	进公司日期
B_MarriageStatus	CHAR（4）	NULL	无	婚姻状况
B_PoliticalStatus	VARCHAR（50）	NULL	无	政治面貌
B_Nationality	VARCHAR（20）	NULL	无	民族
B_NativeProvince	VARCHAR（20）	NULL	无	籍贯
B_AdvancedDegree	VARCHAR（50）	NULL	无	学历
B_Professional	VARCHAR（50）	NULL	无	专业
B_School	VARCHAR（50）	NULL	无	学校
B_QQ	VARCHAR（20）	NULL	无	QQ 号码
B_Address	VACHAR（50）	NULL	无	地址
B_Email	VACHAR（30）	NULL	无	E-mail
B_Telephone	VACHAR（20）	NULL	无	电话
B_IDCard	VACHAR（18）	NULL	无	身份证号
B_PersonalResume	nText	NULL	无	简历

图 11-11　员工基本信息表数据字典

字段名称	数据类型及大小	是否为空	约束条件	说明
P_PerId	VARCHAR（10）	NOT NULL	主键	员工编号
P_DepName	VARCHAR（20）	NULL	无	所在部门
P_PosName	VARCHAR（50）	NULL	无	职位
P_posTitle	VARCHAR（50）	NULL	无	职称

图 11-12　员工入职信息表数据字典

字段名称	数据类型及大小	是否为空	约束条件	说明
A_AttId	VARCHAR（50）	NOT NULL	主键	考勤号
A_PerId	VARCHAR（10）	NULL	外键，关联 PerInfo	员工编号
A_AttTypes	VARCHAR（50）	NULL	无	考勤类型
A_AttTime	DATETIME	NULL	无	考勤日期

图 11-13　员工出勤表数据字典

字段名称	数据类型及大小	是否为空	约束条件	说明
W_WageId	VARCHAR(20)	NOT NULL	主键	工资号
W_PerId	VARCHAR(10)	NULL	外键，关联 PerInfo	员工编号
W_BasicWage	INT(10)	NULL	无	基本工资
W_FinalWage	INT(10)	NULL	无	实发工资
W_WageYear	DATETIME	NULL	无	工资年份
W_WageMonth	TINYINT	NULL	无	工资月份
W_RetireInsur ance	INT(10)	NULL	无	养老保险
W_MedicalInsur ance	INT(10)	NULL	无	医疗保险
W_EmployInsur ance	INT(10)	NULL	无	失业保险
W_HousingFund	INT(10)	NULL	无	住房公积金
W_AwardMoney	INT(10)	NULL	无	奖金
W_FinedMoney	INT(10)	NULL	无	出勤奖金

图 11-14　员工薪资表数据字典

4.2 安全保密设计

本数据库系统采用安全的用户名加口令方式登录。

用户名的权限限制为只能进行基本的增、删、改、查、数据功能。

☞小提示

E-R 是"实体-联系方法"（Entity-Rclationship Approach）的简称。它是描述现实世界概念结构模型的有效方法。在 E-R 图中，用矩形表示实体型，矩形框内写明实体名；用椭圆表示实体的属性，并用无向边将其与相应的实体型连接起来；用菱形表示实体型之间的联系。

任务7　建立数据库

▌▌任务描述

数据库的设计完成之后就是具体的建库、建表和备份操作了，小王按照数据库设计中的要求，完成了数据库的建立操作。

▌▌任务要点

1．创建数据库。

2．创建数据表。

3．数据库的备份。

任务实现

在 SQL Server 2008 中，数据库和数据表的建立都不止一种方法，这里介绍使用 SQL Server Management Studio 和 T-SQL 语句的方式创建数据库和数据表。

1. 使用 SQL Server Management Studio 创建数据库和数据表

1）创建数据库

（1）打开 SQL Server Management Studio，选中"数据库"项并右击，在弹出的快捷菜单中选择"新建数据库"选项，如图 11-15 所示。

图 11-15　选择"新建数据库"选项

（2）在弹出的"新建数据库"对话框中，输入数据库的名称，选择数据库存放的位置、原始大小与增长量，单击"确定"按钮，如图 11-16 所示。

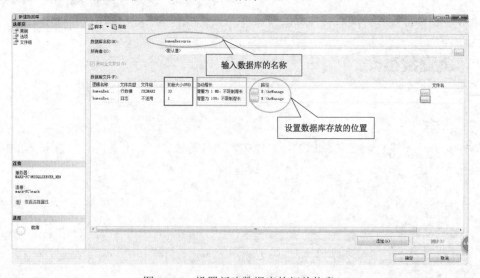

图 11-16　设置新建数据库的相关信息

（3）建好的数据库在 SQL Server Management Studio 中的显示如图 11-17 所示。

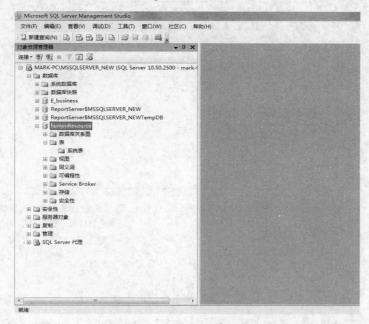

图 11-17 创建的数据库

2）创建数据表

（1）在"对象资源管理器"中选中"表"项并右击，在弹出的快捷菜单中选择"新建表"选项，如图 11-18 所示。

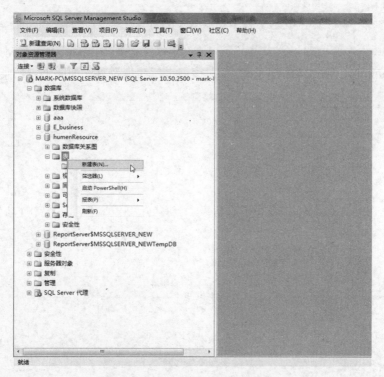

图 11-18 选择"新建表"选项

（2）按照页面提示输入表的所有字段，单击工具栏中的"保存"按钮，如图 11-19 所示。

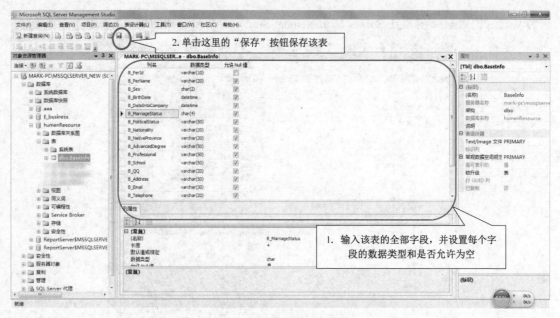

图 11-19　设置表的字段

（3）在弹出的对话框中输入表的名称，单击"确定"按钮完成该表的设计保存，如图 11-20 所示。

图 11-20　输入表的名称

（4）在"对象资源管理器"中就可以看到，人事管理数据库"humenResource"中已经有了一张用户表"BaseInfo"，展开该数据表，准备对该表进行约束设置，如图 11-21 所示。

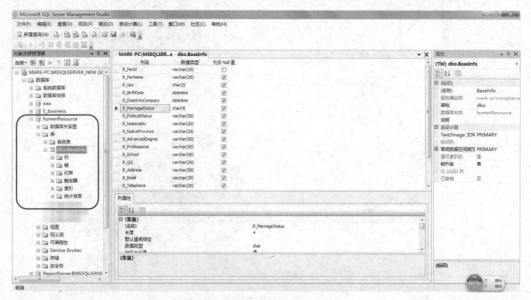

图 11-21　展开创建的数据表

（5）首先设置主键。根据前面的分析，需要设定"B_PerId"字段为主键，在"B_PerId"字段上右击，在弹出的快捷菜单中选择"设置主键"选项，如图 11-22 所示。

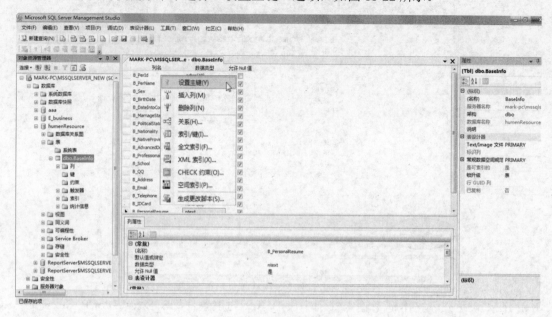

图 11-22　设置表的主键

（6）设置约束：在要设置约束的"B_Sex"字段上右击，在弹出的快捷菜单中选择"CHECK约束"选项，如图 11-23 所示。

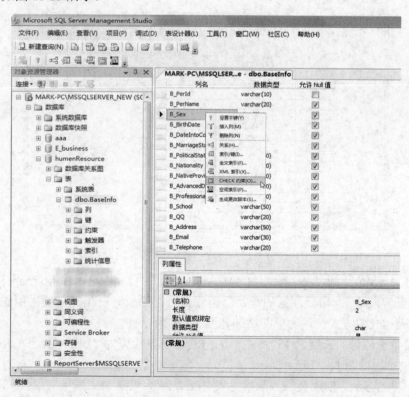

图 11-23　设置约束

（7）在弹出的"CHECK 约束"对话框中，单击"添加"按钮，如图 11-24 所示。

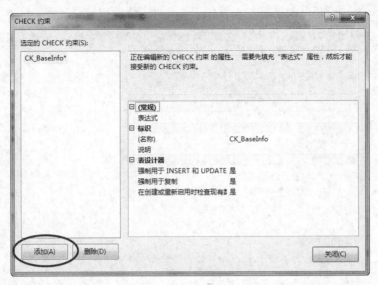

图 11-24　添加约束

（8）在"表达式"文本框中输入性别字段 B_Sex 约束条件"B_Sex='男'or B_Sex='女'"，如图 11-25 所示，单击"关闭"按钮，如果能够顺利关闭该对话框，则说明该约束创建成功。

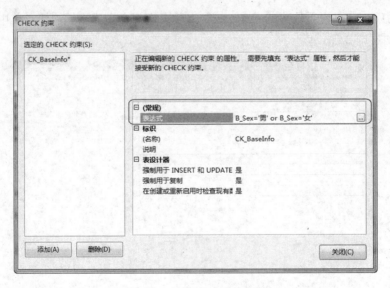

图 11-25　添加性别字段约束

（9）同理，设置婚姻状况字段 B_MarriageStatus 的约束为"B_MarriageStatus='已婚'or B_MarriageStatus='未婚'"。需要注意的是，当再添加一个约束时，仍然需要采用先单击"添加"按钮，再输入表达式的方式。该约束的添加如图 11-26 所示。

（10）设置身份证号的长度为 15 个字符或 18 个字符，约束为"LEN（B_IDCard）=15 or LEN（B_IDCard）=18"，如图 11-27 所示。

（11）用同样的方法，创建员工入职信息表"PerInfo"，设置员工编号字段"P_PerId"为主键，如图 11-28 所示。

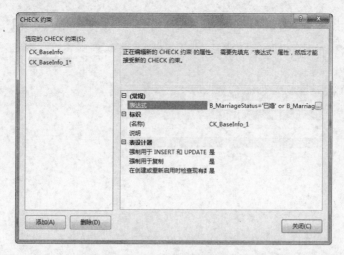

图 11-26　添加婚姻状况字段约束

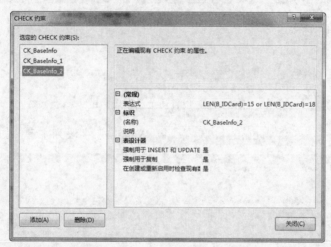

图 11-27　添加身份证号长度约束

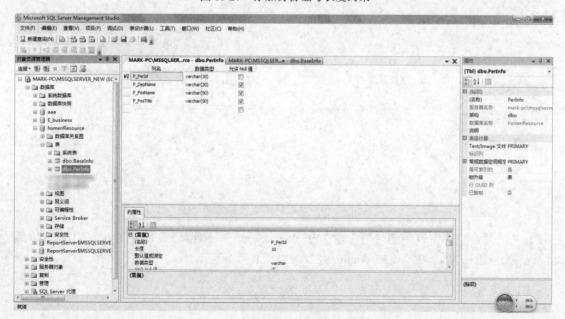

图 11-28　设置员工入职信息表主键

（12）创建员工出勤表"AttInfo"，设置"A_AttId"字段为主键，如图 11-29 所示。

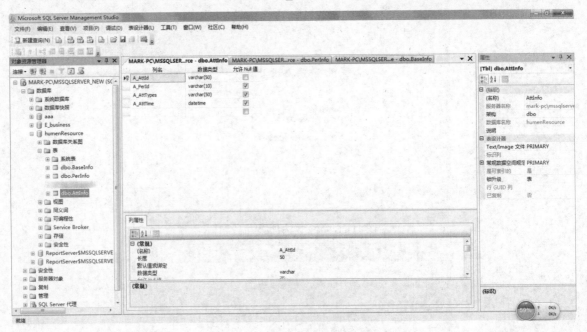

图 11-29　设置员工出勤表主键

（13）创建员工薪资表"WageInfo"，设置"W_WageId"字段为主键，如图 11-30 所示。

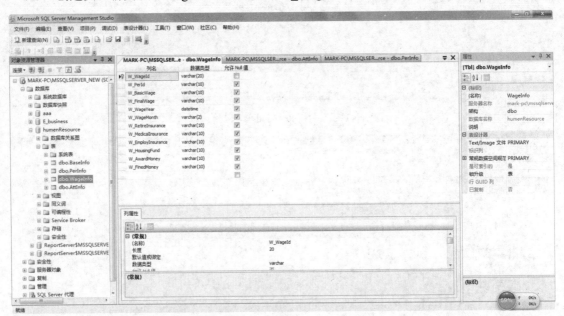

图 11-30　设置员工薪资表主键

（14）设置员工薪资表中的月份字段"W_WageMonth"只能为 1～12 的数字，CHECK 约束为
"W_WageMonth>0 AND W_WageMonth<13"，如图 11-31 所示。

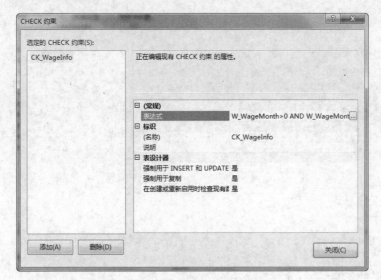

图 11-31 设置员工薪资表约束

2. 使用 T-SQL 语句的方式创建数据库和数据表

1）创建数据库

语法格式如下：

```
create database humenResource                              //创建数据库
on
 (
name='humenResource_data',                                 //主数据库文件名称
filename='e:\ hrManage\humenResource.mdf',                 //主数据库文件位置
size=30mb,                                                 //数据库初始容量
filegrowth=10%                                             //增长率
)
log on
 (
    name-'humenResource_log',                              //数据库日志文件名称
    filename='e:\hrManage\humenResource_log.ldf',          //数据库日志文件位置
    size=2mb,                                              //数据库日志文件初始大小
    filegrowth=1mb                                         //数据库日志文件增长大小
)
GO
```

2）创建数据表

（1）创建带约束的员工基础信息表。

语法格式如下：

```
CREATE TABLE BaseInfo (
    B_PerId varchar (10) primary key,
    B_PerName varchar (20)  NULL,
    B_Sex varchar (2)  NULL  Check (B_Sex='男' or B_Sex='女'),
    B_BirthDate datetime NULL,
    B_DateIntoCompany datetime NULL,
    B_MarriageStatus varchar (4) NULL Check (B_MarriageStatus='已婚' or
B_MarriageStatus='未婚'),
    B_PoliticalStatus varchar (50) NULL,
    B_Nationality varchar (50) NULL,
    B_NativeProvince varchar (50) NULL,
```

```
    B_AdvancedDegree varchar (50) NULL,
    B_Professional varchar (50) NULL,
    B_School varchar (50) NULL,
    B_QQ varchar (20) NULL,
    B_Address varchar (50) NULL,
    B_Email varchar (30) NULL,
    B_Telephone varchar (20) NULL,
    B_IDCard varchar (20) NULL check (LEN (B_IDCard) =15 or LEN (B_IDCard) =18),
    B_PersonalResume [ntext] NULL
)
GO
```

（2）创建员工信息表。

语法格式如下：

```
CREATE TABLE PerInfo (
    P_PerId varchar (10) primary key,
    P_DepName varchar (20) NULL,
    P_PosName varchar (50) NULL,
    P_PosTitle varchar (50) NULL
)
 GO
```

（3）创建员工出勤表。

语法格式如下：

```
CREATE TABLE AttInfo (
    A_AttId varchar (50) primary key,
    A_PerId varchar (10) NULL,
    A_AttTypes varchar (50) NULL,
    A_AttTime datetime NULL
)
 GO
```

（4）创建带约束的员工薪资表。

语法格式如下：

```
CREATE TABLE WageInfo (
    W_WageId varchar (20) primary key,
    W_PerId varchar (10) NULL,
    W_BasicWage varchar (10) NULL,
    W_FinalWage varchar (10) NULL,
    W_WageYear datetime NULL,
    W_WageMonth varchar (2) NULL check  (W_WageMonth>0 AND W_WageMonth<13),
    W_RetireInsurance varchar (10) NULL,
    W_MedicalInsurance varchar (10) NULL,
    W_EmployInsurance varchar (10) NULL,
    W_HousingFund varchar (10) NULL,
    W_AwardMoney varchar (10) NULL,
    W_FinedMoney varchar (10) NULL
)
 GO
```

3．完全备份数据库

数据库创建完成后，在进行下一步输入数据的工作之前，需要对该数据库的结构进行一次完全备份，防止数据结构被改变而无法恢复的情况发生。

（1）在数据库"humenResource"上右击，在"任务"项的级联菜单中选择"备份"选项，如图 11-32 所示。

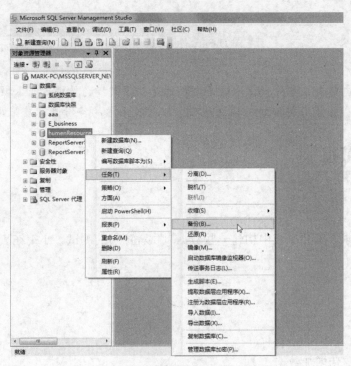

图 11-32　选择"备份"选项

（2）在弹出的"备份数据库"对话框的"备份类型"下拉列表中选择"完整"选项，并指定备份文件的位置，单击"确定"按钮完成备份，如图 11-33 所示。

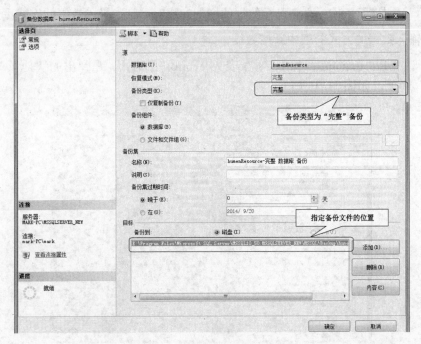

图 11-33　"备份数据库"对话框

（3）弹出提示框告知备份完成，如图 11-34 所示。

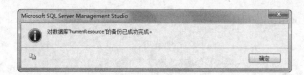

图 11-34 备份数据库成功

☞小提示

创建数据库、创建表、备份数据库这几个操作是必须掌握的数据库基本操作，用户必须至少熟练掌握一种方法。在完成备份数据库的基础上，对数据库的备份只需要采用增量备份的方式。

任务 8 新增数据

▌▌ 任务描述

根据项目的要求，需要在表中构建一些数据以供程序员的测试。小王在表中进行了新增数据的操作。

▌▌ 任务要点

1. 输入数据。
2. 导入数据。
3. 使用 SQL 语句增加数据。

▌▌ 任务实现

增加数据主要有三种方式：第一种是人工输入数据；第二种是通过导入的方法从外部数据源导入数据；第三种是通过 SQL 语句进行数据的增加。相对而言，导入数据的方式更为高效。

1. 使用输入数据的方式向表中新增数据

（1）展开数据库"humenResource"，在表"PerInfo"上右击，在弹出的快捷菜单中选择"编辑前 200 行"选项，如图 11-35 所示。

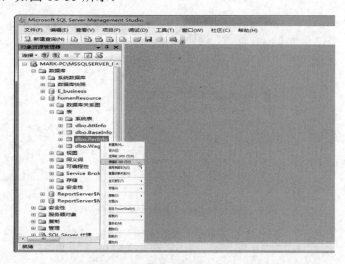

图 11-35 展开数据库"humenResource"

（2）弹出"PerInfo"表内容。可以看出，此时这是一个空表，如图 11-36 所示。

图 11-36 弹出"PerInfo"表内容

（3）此时，可以向这个表中输入数据，如图 11-37 所示。需要注意的是，所有输入的数据必须满足前面所设置的约束规则。

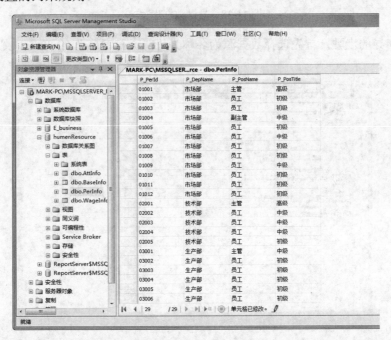

图 11-37 向表中输入数据

2．使用导入数据的方式向表中添加数据

大多数情况下，使用的是导入的方式向表中添加数据。在这里，使用 Excel 工作簿中的"BaseInfo"表向"humenResource"中的"BaseInfo"表中添加数据。需要注意的是，Excel 表中的数据类型必须与数据库中表的数据类型及约束条件不冲突。

（1）右击"humenResource"数据库，在弹出的快捷菜单中执行"任务"→"导入数据"

命令，如图 11-38 所示。

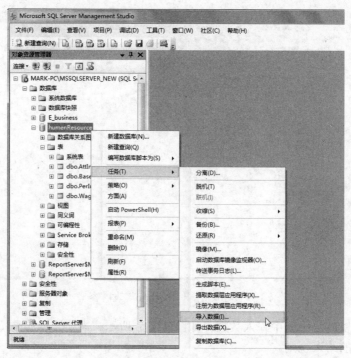

图 11-38　导入数据步骤一

（2）跟着向导的步骤，首先选择数据源为名称为"human_Data"的 Excel 文件，如图 11-39 所示。

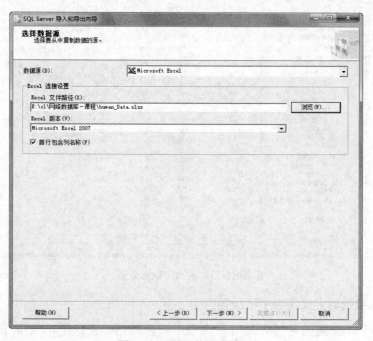

图 11-39　导入数据步骤二

（3）跟着向导，在选择源表这一步，选中要导入的源表"BaseInfo"复选框，并选择目标表为数据库中的"BaseInfo"表，如图 11-40 所示。

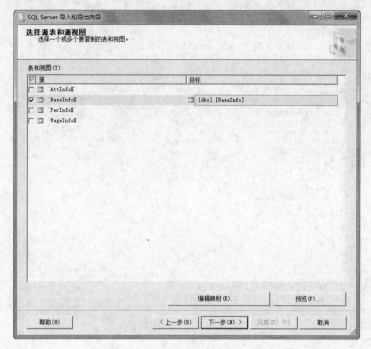

图 11-40 导入数据步骤三

（4）由于 Excel 表中的文件类型不可能完全和数据库表中的数据类型完全一致，在导入数据时只要求不冲突，满足约束规则就可以了，因此在"查看数据类型映射"这一步中，在"出错时全局"下拉列表中选择"忽略"选项，如图 11-41 所示。

图 11-41 导入数据步骤四

（5）一般来说，只要数据类型和约束条件不冲突，都可以顺利导入数据，如图 11-42 所示。如果因为未知的原因出现导入停滞的现象，可以刷新数据库后将此步骤重新操作一次。

图 11-42　导入数据步骤五

（6）导入完成后，刷新数据库后查看数据表"BaseInfo"，可以看到导入的数据，如图 11-43 所示。

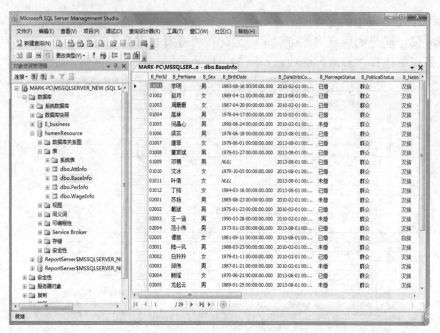

图 11-43　导入结果显示

（7）对于导入错误的个别数据，可以人工对该部分数据进行修改。使用同样的方式，可以快速导入其他几张表的数据，从而完成数据的增加。

另外，需要注意的是，导入数据时最好一次只导入一张表，否则容易出错或导入不成功。

3. 使用 SQL 语句完成数据的增加

（1）使用 SQL 语句来完成数据的增加。比如，向表"AttInfo"中添加一条记录并执行，如图 11-44 所示。

图 11-44　使用 SQL 语句增加数据

（2）通过显示数据表的内容，可以发现新增加的数据行，如图 11-45 所示。

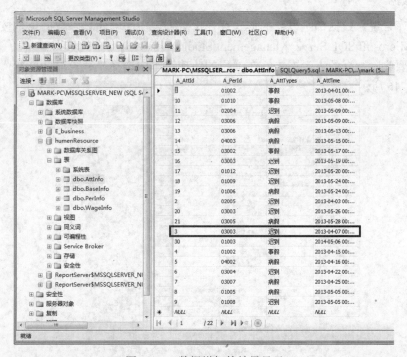

图 11-45　数据增加的结果显示

（3）通过使用 SQL 语言中的 INSERT INTO 语句，可以向数据表中增加数据。需要注意的是，增加的数据仍然需要遵守表中的字段定义规则和约束规则。

☞ 小提示

如果使用 SQL Server 的数据导入时，一定要注意将 Excel 中的文本格式预先根据需要进行设置，这样可以减少后续调整的工作量，并保证数据的准确性。在导入过程中，有些数据如手机号码，如果默认导入，Excel 格式不特别设置为文本，那么导入到数据库中的格式将显示为 float。如果在转换数据时，再将 float 转为 nvarchar 处理的话，数据将会失真，如 13509897653 会变为 13e97347 之类的数据。

任务 9 删除数据和修改数据

任务描述

小王在对数据表中的数据进行检查时发现，有的数据重复需要删除，有的数据输入错误需要修改。

任务要点

1. 使用 Microsoft SQL Server Management Studio 删除和修改数据。
2. 使用 SQL 语句删除和修改数据。

任务实现

1. 删除数据

对于数据库来说，数据都是以行的形式存在于数据表中，因此删除数据也是按行进行删除。

1）使用 Microsoft SQL Server Management Studio 删除数据表中的数据

（1）在需要删除数据的表上右击，在弹出的快捷菜单中选择"编辑前 200 行"选项，打开数据表，如图 11-46 所示。

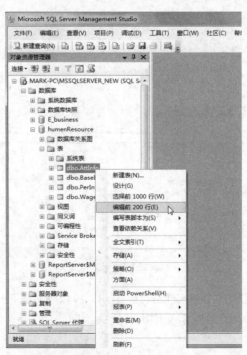

图 11-46 打开数据表

（2）在显示出的数据表中，选中要删除的数据行并右击，在弹出的快捷菜单中选择"删除"选项，如图 11-47 所示。

图 11-47　删除数据行

（3）弹出提示框，如图 11-48 所示，单击"是"按钮，删除该行。

图 11-48　删除确认

（4）若要删除多行，需要选择多行，实现删除操作。

2）使用 SQL 语句删除表中的数据

使用 SQL 语言中的 DELETE 语句实现数据的删除，如图 11-49 所示。

2．修改数据

（1）使用 Microsoft SQL Server Management Studio 修改数据表中的数据

打开数据表"AttInfo"，在时间为 2013 年 5 月 17 日、员工编号为"03002"的记录上进行修改，如图 11-50 所示。

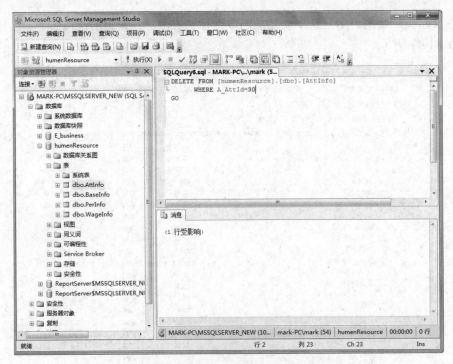

图 11-49　使用 SQL 语句删除表中的数据

图 11-50　在数据表中修改数据

（2）使用 SQL 语句修改表中的数据

在 WageInfo 表中，使用 SQL 语句修改员工编号为"03002"、在 2013 年 5 月的薪资记录，如图 11-51 所示。

其中，由于在导入数据时，"W_FinalWage"和"W_FinedMoney"两个字段被导入成为字符型数据，因此需要用转换函数 CAST 实现由字符到数字的转换。这里将转换后的数据定为没有小数的十进制整数，即"cast（W_FinalWage as decimal（10，0））"和"cast（W_FinedMoney as decimal（10，0））"。

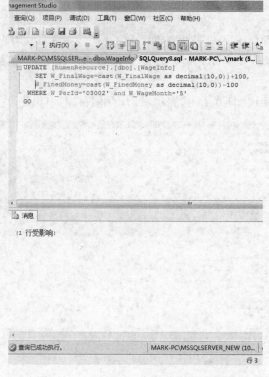

图 11-51   用 SQL 语句修改表中的数据

☞小提示

删除数据时有时会发现无法直接删除，这是怎么回事呢？其实多半的原因是该数据所在的列与其他表建立了主外键关系。此时要想删除该数据需要先删除子表中的信息，再删除主表信息。

任务 10   查询操作

▎▎任务描述

为了进一步检查表中数据的正确性，小王使用不同的查询方式，对表中的数据进行查找，从而更容易检查出错误而进行修正。

▎▎任务要点

1．简单查询。
2．组合查询。
3．子查询。

▎▎任务实现

1．简单查询

1）功能需求

（1）公司总经理想对公司内部人员的出勤情况作个了解，以间接预测公司人员可能出现的变动。

（2）显示出公司未婚人员名单。

2）SQL 语句实现分析

（1）要了解员工的出勤情况，只需要查询"AttInfo"表就可以实现了。

（2）要显示出公司未婚人员名单，需要查询"BaseInfo"表，查询条件是婚姻状况为"未婚"。

3）具体实现

（1）使用 SQL 查询语句查询员工出勤表，打开查询窗口，如图 11-52 所示。

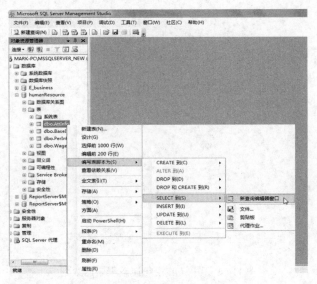

图 11-52　打开查询窗口

（2）在查询窗口输入对该表的 SELECT 查询语句并执行，得到对于表"AttInfo"全部数据的查询结果，如图 11-53 所示。

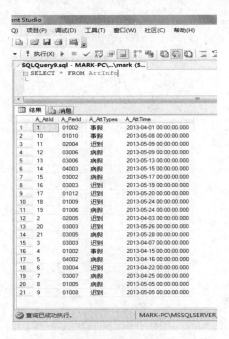

图 11-53　简单查询

（3）查询出公司未婚人员名单，如图 11-54 所示。

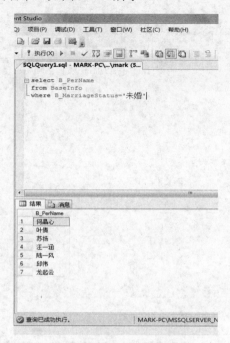

图 11-54　条件查询

2．组合查询

1）功能需求

（1）市场部梁实向部门主管表达出了想要离职的想法，主管将根据梁实前段时间的业绩表现来决定是否通过加薪的方式挽留这个人才，主管需要查询出梁实在 2013 年 4 月和 5 月的奖金数额以此了解此人的业绩表现。

（2）统计出各个部门的男女人数。

2）SQL 语句实现分析

（1）员工梁实的个人信息存在"BaseInfo"表中，而他的薪资信息存在"WageInfo"表中，要将梁实 4 月和 5 月的奖金信息显示出来，并要显示梁实的姓名，则需要将两张表连接起来进行查询。通过"BaseInfo"表显示出姓名，通过"WageInfo"表显示他两个月的奖金数额。而两张表之间的连接字段则是员工编号字段。

（2）要实现统计操作则必定要用到 COUNT 函数；而由于要按部门进行统计，则肯定会用到分组查询语句 GROUP BY 语句；员工的性别信息存在"BaseInfo"表中，而他们所属部门的信息则存在"PerInfo"表中，因此需要将两张表连接起来进行组合查询；两张表之间的连接字段是员工编号字段；另外，为了最终显示的可读性强，在每个查询字段的后面都使用 AS 语句实现字段名到中文的转化。

3）具体实现

（1）连接"BaseInfo"和"WageInfo"两张表，查询出梁实在 2013 年 4 月和 5 月的奖金数额，并显示出来，如图 11-55 所示。

（2）连接"BaseInfo"和"PerInfo"两张表，查询并统计出每个部门的男女性别人数，并显示出来，如图 11-56 所示。

图 11-55　组合查询例一

图 11-56　组合查询例二

3．子查询

1）功能需求

临近年底，公司计划为每一个 2010 年 2 月进公司的员工集体加月薪 200 元。

2）SQL 语句实现分析

（1）员工进公司的时间存在"BaseInfo"表中，因此需要通过查询的方式找到这部分的员工。

语法格式如下：

```
select B_PerId
from BaseInfo
where B_dateIntoCompany='2010-02-01'
```

（2）要修改员工的月工资，需要在"WageInfo"表中进行修改。

语法格式如下：

```
UPDATE WageInfo
set W_FinalWage=cast（W_FinalWage as decimal（10，0））+200
```

（3）"BaseInfo"表和"WageInfo"表之前有联系的只有员工编号这个字段，并且查询出的结果作为将要进行修改语句的条件。

语法格式如下：

```
where W_PerId in
```

3）操作方法

子查询的操作方法如图 11-57 所示。

图 11-57 子查询

☞小提示

SELECT 查询语句格式如下：

```
SELECT [记录显示范围] 字段列表
[ INTO 新表名]
[FROM 表名或表名列表及连接方式] [WHERE 筛选记录条件表达式]
[GROUP BY 分组字段名列表 [HAVING 分组条件表达式] ]
[ORDER BY 排序字段名列表 [ASC | DESC ]
[ { COMPUTE 集合函数（列名1） [ BY 列名2] } [...n]]
```

任务 11 数据库权限设置

▌▌任务描述

数据库设计建立完成之后，小王对该数据库设置权限，为后台的程序员建立独立的登录账号，并通过角色的方式为相关的访问人员设置角色权限，从而实现数据库的可控访问，避免不相关人员对数据库的随意性修改而导致数据错误。

▌▌任务要点

1．认识 SQL Server 的安全体系结构。
2．建立登录账号。
3．创建数据库角色。

▌▌任务实现

1．认识 SQL Server 的安全体系结构

在 Windows 操作系统中，SQL Server 的安全体系中包括操作系统的安全管理机制，同时拥有自身的安全技术。Windows 用户或其他系统下的用户要想获得对 SQL Server 数据库的访问，必须通过以下四道安全防线。

（1）操作系统的安全防线。用户需要一个有效的登录账户，才能对网络系统进行访问。

（2）SQL Server 的身份验证防线。SQL Server 通过登录账户来创建附加安全层，一旦用户登录成功，将建立与 SQL Server 的一次连接。

（3）SQL Server 数据库身份验证安全防线。当用户与 SQL Server 建立连接后，还必须成为数据库用户（用户 ID 必须在数据库系统表中），才有权访问数据库。

（4）SQL Server 数据库对象的安全防线。用户登录到要访问的数据库后，要使用数据库内的对象，必须得到相应权限。

2．建立登录账号

（1）在"对象资源管理器"中选中"安全性"→"登录名"项并右击，在弹出的快捷菜单中选择"新建"选项来建立登录账号，如图 11-58 所示。

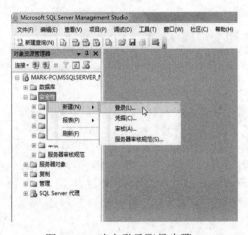

图 11-58　建立登录账号步骤一

（2）在弹出的对话框中选择 SQL Server 身份验证，并设置登录名、密码、指定默认的数据库，如图 11-59 所示。

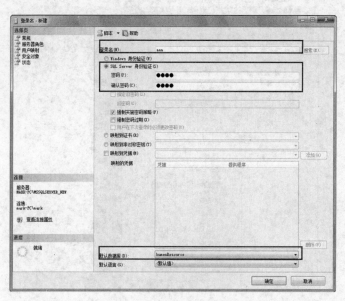

图 11-59　建立登录账号步骤二

（3）在"用户映射"页面中，选择映射到此登录名的用户为"aaa"，数据库为"humenResource"，最后单击"确定"按钮完成登录账号的创建，如图 11-60 所示。

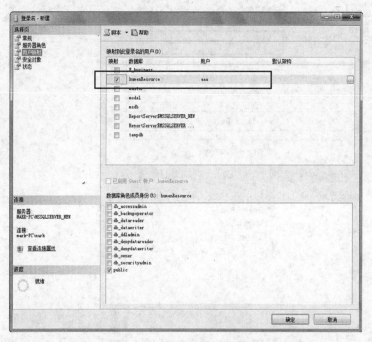

图 11-60　建立登录账号步骤三

（4）要想登录成功，还需要设置服务器的身份验证模式为 SQL Server 和 Windows 身份验证模式，如图 11-61 和图 11-62 所示。

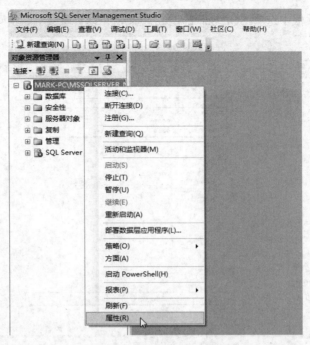

图 11-61　建立登录账号步骤四

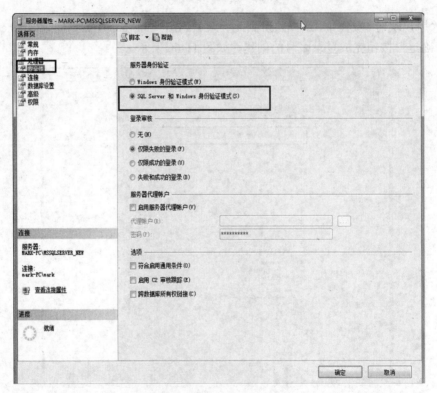

图 11-62　建立登录账号步骤五

（5）重启服务器，用 SQL Server 验证方式的"aaa"账户登录，如图 11-63 所示。

（6）重新登录后可以看到，"aaa"用户由于只有对 humenResource 数据库最基本的 public 权限，因此无法访问其他数据库，同时对"humenResource"数据库也无法进行完全访问，如图 11-64 所示。

图 11-63　建立登录账号步骤六　　　　　　　　　图 11-64　验证登录账号的有效性

3. 创建数据库角色

SQL Server 具有两种级别的角色：服务器级角色和数据库级角色。服务器级角色是用于管理服务器中的权限；数据库级角色是用于管理数据库中的权限。实施安全策略的最后一个步骤是创建用户定义的数据库角色，然后分配权限。

在本例中，创建的数据库角色 db_user 具有查看数据表的权限，而不能对数据表进行任何修改。

（1）展开数据库"humenResource"，选中"安全性"→"角色"项并右击，新建针对该数据库的角色，如图 11-65 所示。

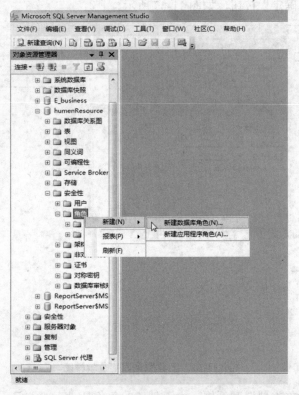

图 11-65　新建数据库角色步骤一

（2）在"数据库角色-新建"对话框中，定义"角色名称"为"db_user"，"所有者"根据提示选择"dbo"，如图 11-66 所示。

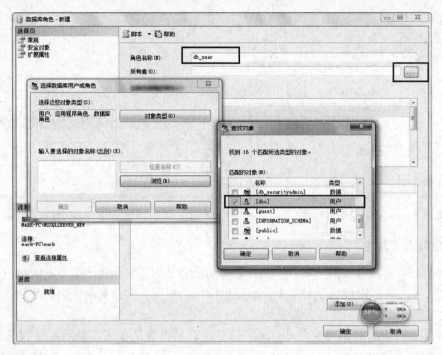

图 11-66　新建数据库角色步骤二

（3）单击"安全对象"右边的"搜索"按钮，在弹出的对话框中选中"特定类型的所有对象"单选按钮，然后单击"确定"按钮，如图 11-67 所示。

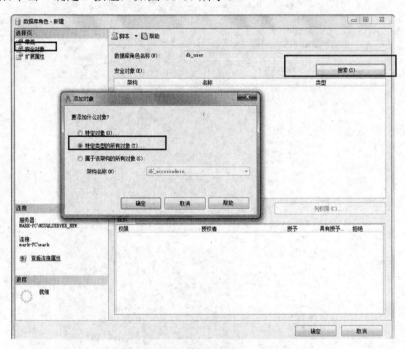

图 11-67　新建数据库角色步骤三

（4）弹出"选择对象类型"对话框，由于创建的角色是对表的访问，因此选择其中的"表"，然后单击"确定"按钮如图 11-68 所示。

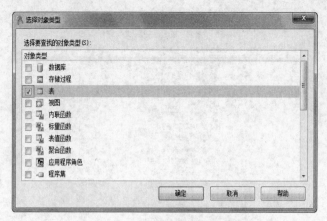

图 11-68　新建数据库角色步骤四

（5）显示出 humenResource 数据库中所有的用户表和一个系统表。根据前面的介绍，"db_user"
角色只具有对四张用户表进行查看的权限，因此选择每张表，在权限中只选择"查看定义"和"选
择"两项，最后单击"确定"按钮，如图 11-69 所示。

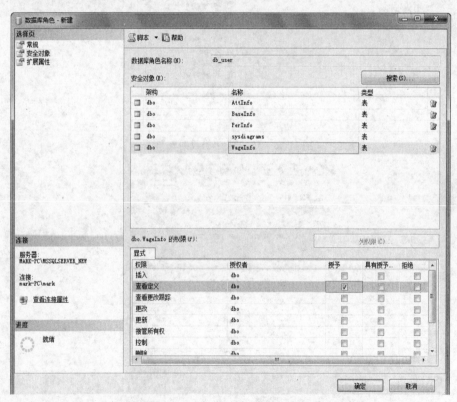

图 11-69　新建数据库角色步骤五

（6）可以看出，此时所定义的数据库角色"db_user"已经添加到了数据库中，如图 11-70
所示。

（7）要想应用这个角色所拥有的权限，必须将某个用户赋予这个角色，从而才能对这个用户
应用相应的权限。在创建的 SQL Server 登录用户上右击，在弹出的快捷菜单中选择"属性"选项，
如图 11-71 所示。

图 11-70　添加成功的数据库角色

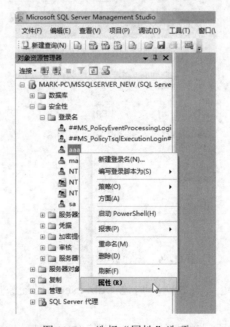

图 11-71　选择"属性"选项

（8）在弹出的"登录属性"对话框中，在"用户映射"页面中添加"db_user"为数据库"humenResouce"的数据库角色，如图 11-72 所示。

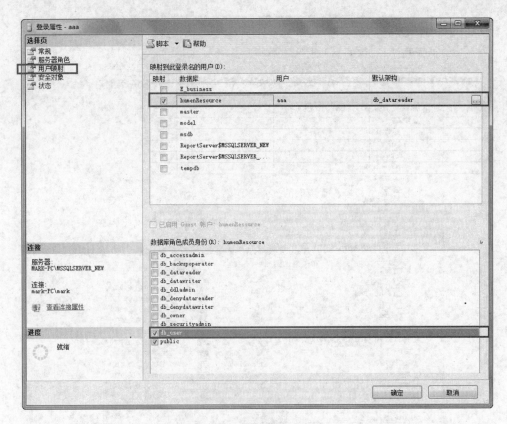

图 11-72　"登录属性"对话框

（9）现在，采用"aaa"的用户名进行 SQL Server 方式验证登录，如图 11-73 所示。

图 11-73　验证角色的有效性步骤一

（10）打开查询分析器，编写对表 AttInfo 的查询，可以看到没有问题，因为前面对用户"aaa"赋予的"db_user"角色具有查询的权限，如图 11-74 所示。

（11）可是在对表 AttInfo 进行删除操作时，系统提示错误，原因就是之前对用户"aaa"赋予的"db_user"角色没有删除的权限，如图 11-75 所示。

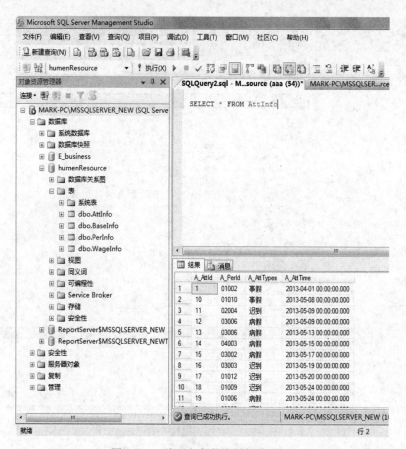

图 11-74 验证角色的有效性步骤二

图 11-75 验证角色的有效性步骤三

☞小提示

　　SQL Server 中的角色和 Windows 中的用户组是一个概念，属于某个角色的用户或登录名就会拥有相应的权限，在为某个角色添加用户后，这个用户就会享受到该角色所赋予的权限。这就像你作为公司的经理，每个月可以报销 500 元的油费，而低于经理级别的办公室文员则没有这个待遇。

第 12 章　项目实战：建设企业门户网站数据库

本章在第 11 章项目实战的基础上，以步骤的方式，要求学习者根据操作要求的引导，按照项目要求，分析规划数据库并完成创建，让学习者体会并熟悉数据库的创建流程，从而为真正的项目开发积累经验。

学习目标

1. 根据数据库需求分析步骤完成企业门户网站的数据库需求分析。
2. 掌握数据库功能设计方法。
3. 掌握建立数据库的方法。
4. 理解并掌握数据操作的一般方法。
5. 理解并掌握数据库的权限设置方法。

任务 1　企业门户网站数据库需求分析

任务描述

小李接到了新的项目任务——完成企业门户网站数据库的设计制作。为此，他首先制订计划，参与项目经理的约谈客户活动，了解客户需求，并以此为根据作出了该数据库的需求分析报告。

任务要点

1. 了解网站项目开发总体流程。
2. 企业门户网站数据库功能调研。
3. 确定调研对象、任务和方法。
4. 完成数据库需求分析调研报告。

任务实现

1. 了解企业门户网站项目开发的总体流程

1）项目计划阶段

本阶段的目的是确立项目立项的经济理由。当确定立项后，项目经理开始着手项目相关人员组织结构定义及配备。开展相关项目规划文档的制订，包括以下几点内容。

（1）项目计划草案。

（2）风险管理计划。

（3）项目开展计划。

（4）人员组织结构定义及配备。

2）需求分析阶段

在项目计划方案的基础上详细说明系统将要实现的所有功能及项目使用的工作流程。网站类项目需要在网站项目草案的基础上确定栏目模块的划分、页面视觉要求及页面策划工作的分配。

确定上述各方面之后，项目经理完成或安排人员完成网站的正式"策划方案"，项目经理提案由公司高层提议，修改签字确定。

3）项目开发阶段

本阶段主要是指项目需求确定后实现项目的过程。在需求分析确定后，项目经理跟进开发进度，严格控制项目需求变动的情况。项目小组成员可按照项目计划方案准备项目运营相关材料。

在开发过程中，由美工根据内容表现的需要，设计静态网页和其他动态页面界面框架，该切分的图片要根据尺寸切割开来。给需要程序动态实现的页面预留页面空间。制定字体、字号、超级链接等 CSS 样式等。同时，程序员着手开发后台程序代码，做一些必要的测试。美工界面完成后，由程序员添加程序代码，整合网站。

4）测试验收阶段

该阶段主是要在项目正式使用前查找项目运行的错误。主要是指参考需求文档的基础上核实每个模块是否正常运行、核实需求是否被正确实施。最后制作帮助文档、用户操作手册，向用户交付必要的产品设计文档，然后进行网站部署、客户培训。

5）项目过程总结

该阶段是在测试验收完成后紧接着开展的工作，主要内容是项目过程工作成果的总结，以及相关文件的归档、备份，相关财务手续的办理。

2．确定被调研对象

被调研对象中的人员是业务内容的表述者和提供者，所以被调研人员的素质决定了调研对象原始资料的获取，以下是被调研对象的素质要求。

（1）被调研人员本身必须具备基本的语言表达能力、对事物的概括能力。

（2）被调研人员本身必须熟悉本职工作的详细内容，并对本职工作具有丰富的经验。

（3）被调研人员本身必须具有基本的合作精神。

（4）被调研人员本身了解调研的作用和目的。

对于企业门户网站数据库来说，重要的是网站信息的自动更新（公告更新、新闻更新、活动更新、广告更新、产品信息更新等）、注册用户交互式操作（包括留言、订购产品、参与活动等），在设定被调研对象时，需要考虑到这几种操作所涉及的部门。通常情况下，信息、公告的管理和发布由企业办公室进行，产品信息由销售部负责，广告信息由策划部负责，而具体的网站开发平台、数据库的类型等由公司数据的网络中心进行具体制定标准。因此，调研对象应该是这几个部门的负责人或是由负责人所指定的具体人员。通过调研，以期最大可能性地全面了解客户当前需求及潜在需求，为项目的顺利实施奠定基础。

3．确定调研任务

1）信息发布

（1）新闻信息发布。

（2）产品信息发布。

（3）公告信息发布。

（4）广告信息发布。

2）注册用户管理

（1）用户注册管理。

（2）用户登录管理。

（3）用户留言管理。

（4）用户产品订购管理。

4．选择调查方法

调查研究工作的方法是指调查的途径、手段。针对企业门户网站的建设，通常可以采用三种方法进行调查：访谈调查法、统计调查法和调查问卷法。

（1）访谈调查法

访谈调查法要求访谈者不仅要做好访谈前的各项准备工作，而且要善于进行人际交往，与被访谈者建立起基本的信任和一定的感情，熟练地掌握访谈中的提问、引导等技巧，并根据具体情况采取适当的方式进行面谈。在与企业网络中心负责人就开发平台、开发语言等进行商谈时，通常采用这种方法。

（2）统计调查法

统计调查法是利用固定统计报表的形式，把下边的情况反映上来，通过分析而进行的一种常用的调查研究方法。在与销售部就产品信息、广告信息等进行询问时，通常使用统计的方式就产品的类型、特点等进行归类，方便在数据库中分类存放。

（3）调查问卷法

调查问卷法是指针对特定的调研对象，事先设计问卷题目，在调查过程中请调查对象按照问卷题目的顺序逐一回答。由于是事先设计好的问卷，可以保证在询问过程中有条理地、不遗漏地提出相关问题。在与办公室负责人就新闻、公告信息的询问，用户注册信息管理的内容、用户产品订购管理的内容等方面可以使用这种方法。

5．汇总调研数据，进行企业门户网站数据库的功能分析，完成调研报告

对于企业来讲，门户网站既是宣传企业的重要手段，又是进行事务处理的有效平台。现在，大多数企业的门户网站都是有后台数据库的动态网站，不仅能够及时地更新企业数据，也便于维护。

对于一般的企业来讲，门户网站需要发布企业的相关信息、发布产品信息、产品广告、管理注册会员信息、收集会员留言并作及时反馈等。企业网站数据库的基本功能有以下几点。

（1）由特定用户对企业基本信息的增、删、改、查操作。

（2）全体用户（包括匿名用户）对新闻、公告、广告、产品信息等的查看操作。

（3）能够进行会员注册、留言、购物、参与活动等相关的增、删、改、查操作。

根据以上分析，完成该数据库需求分析的调研报告。

任务 2　数据库功能设计

▌▌ 任务描述

根据上个阶段的需求分析，小李接下来进行的是数据库的功能设计，明确了该数据库中每张表所对应的功能、表的数量、表的字段类型、表间关系，完成了数据字典的编写。

▌▌ 任务要点

1．功能模块设计。

2．根据功能分析数据构成。

3．确定数据类型。

4．确定表间关系。

5．完成数据字典的编写。

任务实现

1．功能模块设计

1）用户管理

（1）高级用户可以进行操作数据库的所有功能，包括数据的增、删、改、查操作。

（2）所有用户（包括注册用户和匿名用户）可以完成对新闻、广告、公告、产品信息的查看操作。

（3）一般注册用户可以进行留言操作，留言的相关信息将保存在数据库中。

（4）一般注册用户可以对产品进行收藏和订购操作，收藏和订购的相关信息将保存在数据库中，该用户可以在以后的登录中调出自己的收藏和订购信息进行查看。

2）信息管理

（1）网站页面上显示的新闻直接由数据库的新闻表调出数据。

（2）网站页面上显示的公告直接由数据库的公告表调出数据。

（3）网站页面上显示的广告直接由数据库的广告表调出数据。

（4）网站页面上显示的产品信息直接由数据库的产品信息表调出数据。

2．确定表的数量和类型

根据前面的调研和功能分析，企业门户网站数据库应当包含以下表。

（1）管理员表——adminInfo。

（2）会员信息表——userInfo。

（3）商品类别表——producttypeInfo。

（4）商品表——productInfo。

（5）订单表——orderInfo。

（6）评价表——commentInfo。

（7）收藏表——favoriteInfo。

（8）广告表——advertiseInfo。

（9）问答表——guestbookInfo。

（10）活动表——activitesInfo。

（11）商城信息表——shopInfo。

3．分析每张表的数据构成

（1）管理员表。管理员表中是所有管理员的信息，其中包括他们各自的 ID 号、用户名、密码，还有各自拥有的权限。不同的权限决定了他们所能执行的操作范围。

（2）会员信息表。会员信息表中存放的是所有注册用户的信息，字段的数量取决于在调研阶段所进行的调研分析，应当包括以下基本内容：会员的 ID 号、用户名、密码、地址、邮编、电话、手机、真实姓名、性别、出生日期、E-mail、注册时间等。其中，地址、邮编、电话、手机、真实姓名的填写主要是为了方便注册用户在订购产品时方便送货。

（3）商品类别表。商品类别表只需要存放商品的类别信息，包括类别的 ID 号和商品的类别名称。

（4）商品表（分析略）。

（5）订单表（分析略）。

（6）评价表（分析略）。

（7）收藏表（分析略）。

（8）广告表（分析略）。

（9）问答表（分析略）。

（10）活动表（分析略）。

（11）商城信息表（分析略）。

4．定义企业门户网站数据库各表中的数据类型

在计算机中数据有两种特征：类型和长度。所谓数据类型是指以数据的表现方式和存储方式来划分的数据的种类，以确保所赋予的数据值是正确类型并在可接受的值范围内。另外，字段大小也决定了系统的消耗，因此，正确的数据类型和合适的字段大小对定义一张数据表十分重要。

下面就每张数据表中的字段名、字段类型和大小进行定义。

（1）管理员表（表 12-1）。

表 12-1　管理员表

字段名	字段类型	字段大小
adminId	Int	4
adminName	Varchar	50
adminPwd	Varchar	20
adminAuth	Int	4

（2）会员信息表（表 12-2）。

表 12-2　会员信息表

字段名	字段类型	字段大小
userId	Int	4
username	Varchar	50
userPwd	Varchar	20
userAddr	Varchar	100
userZip	Varchar	20
userPhone	Varchar	20
userMobile	Varchar	20
userTruename	Varchar	20
userSex	Varchar	4
userBirthday	Date	
userEmail	Varchar	50
userRegtime	Date	

（3）商品类别表（表 12-3）。

表 12-3　商品类别表

字段名	字段类型	字段大小
ptypeId	Int	4
ptypeName	Varchar	50

（4）商品表（表 12-4）。

表 12-4　商品表

字段名	字段类型	字段大小
proId	Int	4
proName	Varchar	100
ptypeId	Int	4
proDescription	Varchar	500
proSimg	Varchar	100
proBimg	Varchar	100
proPrice	Varchar	20
proParam	Varchar	50

（5）订单表（表 12-5）。

表 12-5　订单表

字段名	字段类型	字段大小
orderId	Int	4
proId	Int	4
userId	Int	4
userPhone	Varchar	20
userMobile	Varchar	20
userAddr	Varchar	100
orderTime	Date	
orderBz	Varchar	500
orderState	Int	4

（6）评价表（表 12-6）。

表 12-6　评价表

字段名	字段类型	字段大小
comId	Int	4
proId	Int	4
userId	Int	4
comTitle	Varchar	100
comContent	Varchar	500
comTime	Date	
comScore	Int	4

（7）收藏表（表 12-7）。

表 12-7 收藏表

字段名	字段类型	字段大小
favId	Int	4
proId	Int	4
userId	Int	4
favTime	Date	

（8）广告表（表 12-8）。

表 12-8 广告表

字段名	字段类型	字段大小
advId	Int	4
advTitle	Varchar	100
advContent	Varchar	500
advLink	Varchar	50
advTime	Date	
advPic	Varchar	50

（9）问答表（表 12-9）。

表 12-9 问答表

字段名	字段类型	字段大小
guestId	Int	4
guestTitle	Varchar	100
guestContent	Varchar	500
guestName	Varchar	50
guestTime	Date	
guestType	Varchar	20
replyContent	Varchar	500
replyName	Varchar	20
replyTime	Date	

（10）活动表（表 12-10）。

表 12-10 活动表

字段名	字段类型	字段大小
actId	Int	4
actTitle	Varchar	100
actContent	Varchar	500
userId	Int	4
actTime	Date	
actPic	Varchar	100

（11）商城信息表（表 12-11）。

表 12-11　商城信息表

字段名	字段类型	字段大小
shopId	Int	4
shopTitle	Varchar	20
shopContent	Varchar	500

5．企业门户网站数据库各表间关系的建立

1）建立主键约束

对于每一张表来说，建立主键约束可以保证输入的值不重复也不为空，也是建立表间关系图的基础。

2）建立外键约束

外键约束用于与另一张表的关联，它是能确定另一张表记录的字段，用于保持数据的一致性。建立外键约束也是建立表间关系图的基础。

3）根据分析建立每张表的主外键约束关系

（1）管理员表（表 12-12）。

表 12-12　管理员表

字段名	备注
adminId	主键
adminName	
adminPwd	
adminAuth	如"9"为系统管理员；"2"为内容管理员；"1"为客服人员

（2）会员信息表（表 12-13）。

表 12-13　会员信息表

字段名	备注
userId	主键
username	索引（重复）
userPwd	
userAddr	
userZip	
userPhone	
userMobile	
userTruename	
userSex	
userBirthday	
userEmail	
userRegtime	

（3）商品类别表（表 12-14）。

表 12-14　商品类别表

字段名	备注
ptypeId	主键
ptypeName	索引（重复）

（4）商品表（表 12-15）。

表 12-15　商品表

字段名	备注
proId	主键
proName	
ptypeId	外键 producttypeInfo
proDescription	
proSimg	
proBimg	
proPrice	
proParam	

（5）订单表（表 12-16）。

表 12-16　订单表

字段名	备注
orderId	主键
proId	外键 productInfo
userId	外键 userInfo
userPhone	
userMobile	
userAddr	
orderTime	默认 now()
orderBz	
orderState	"1" 为未处理；"2" 为已备货； "3" 为已发货；"4" 为已完成

（6）评价表（表 12-17）。

表 12-17　评价表

字段名	备注
comId	主键
proId	外键 productInfo
userId	外键 userInfo
comTitle	
comContent	
comTime	
comScore	

（7）收藏表（表 12-18）。

表 12-18　收藏表

字段名	备注
favId	主键
proId	外键 productInfo
userId	外键 userInfo
favTime	

（8）广告表（表 12-19）。

表 12-19　广告表

字段名	备注
advId	主键
advTitle	
advContent	
advLink	
advTime	
advPic	

（9）问答表（表 12-20）。

表 12-20　问答表

字段名	备注
guestId	主键
guestTitle	
guestContent	
guestName	
guestTime	默认值 now()
guestType	如咨询、投诉
replyContent	
replyName	
replyTime	

（10）活动表（表 12-21）。

表 12-21　活动表

字段名	备注
actId	主键
actTitle	
actContent	
userId	外键 userInfo
actTime	
actPic	

（11）商城信息表（表 12-22）。

表 12-22　商城信息表

字段名	备注
shopId	主键
shopTitle	
shopContent	

6. 完成数据字典的设计

（1）管理员表（adminInfo）（表 12-23）。

表 12-23　管理员表（adminInfo）

字段名	字段类型	字段大小	描述	备注
adminId	Int	4	编号	主键
adminName	Varchar	50	用户名	
adminPwd	Varchar	20	密码	
adminAuth	Int	4	管理员级别	如 "9" 为系统管理员；"2" 为内容管理员；"1" 为客服人员

（2）会员信息表（userInfo）（表 12-24）。

表 12-24　会员信息表（userInfo）

字段名	字段类型	字段大小	描述	备注
userId	Int	4	编号	主键
username	Varchar	50	用户名	索引（重复）
userPwd	Varchar	20	密码	
userAddr	Varchar	100	地址	
userZip	Varchar	20	邮编	
userPhone	Varchar	20	联系电话	
userMobile	Varchar	20	手机号码	
userTruename	Varchar	20	真实姓名	
userSex	Varchar	4	性别	
userBirthday	Date		出生日期	
userEmail	Varchar	50	E-mail	
userRegtime	Date		注册时间	

（3）商品类别表（producttypeInfo）（表 12-25）。

表 12-25　商品类别表（producttypeInfo）

字段名	字段类型	字段大小	描述	备注
ptypeId	Int	4	编号	主键
ptypeName	Varchar	50	商品类别名称	索引（重复）

（4）商品表（productInfo）（表 12-26）。

表 12-26　商品表（productInfo）

字段名	字段类型	字段大小	描述	备注
proId	Int	4	编号	主键
proName	Varchar	100	商品名称	
ptypeId	Int	4	商品类别 ID	外键 producttypeInfo
proDescription	Varchar	500	商品描述	
proSimg	Varchar	100	商品小图地址	
proBimg	Varchar	100	商品大图地址	
proPrice	Varchar	20	商品价格	
proParam	Varchar	50	商品参数	

（5）订单表（orderInfo）（表 12-27）。

表 12-27　订单表（orderInfo）

字段名	字段类型	字段大小	描述	备注
orderId	Int	4	编号	主键
proId	Int	4	订购商品 ID	外键 productInfo
userId	Int	4	会员 ID	外键 userInfo
userPhone	Varchar	20	联系电话	
userMobile	Varchar	20	手机号码	
userAddr	Varchar	100	发货地址	
orderTime	Date		订购时间	默认 now()
orderBz	Varchar	500	备注	
orderState	Int	4	订单状态	"1"为未处理；"2"为已备货；"3"为已发货；"4"为已完成

（6）评价表（commentInfo）（表 12-28）。

表 12-28　评价表（commentInfo）

字段名	字段类型	字段大小	描述	备注
comId	Int	4	编号	主键
proId	Int	4	评价商品 ID	外键 productInfo
userId	Int	4	会员 ID	外键 userInfo
comTitle	Varchar	100	评价标题	
comContent	Varchar	500	评价内容	
comTime	Date		评价时间	
comScore	Int	4	评价分数	

（7）收藏表（favoriteInfo）（表 12-29）。

表 12-29　收藏表（favoriteInfo）

字段名	字段类型	字段大小	描述	备注
favId	Int	4	编号	主键
proId	Int	4	商品 ID	外键 productInfo
userId	Int	4	会员 ID	外键 userInfo
favTime	Date		收藏时间	

（8）广告表（advertiseInfo）（表 12-30）。

表 12-30　广告表（advertiseInfo）

字段名	字段类型	字段大小	描述	备注
advId	Int	4	编号	主键
advTitle	Varchar	100	广告标题	
advContent	Varchar	500	广告说明	
advLink	Varchar	50	广告链接地址	
advTime	Date		广告发布时间	
advPic	Varchar	50	广告图片地址	

（9）问答表（guestbookInfo）（表 12-31）。

表 12-31　问答表（guestbookInfo）

字段名	字段类型	字段大小	描述	备注
guestId	Int	4	编号	主键
guestTitle	Varchar	100	问答标题	
guestContent	Varchar	500	问答内容	
guestName	Varchar	50	问答者	
guestTime	Date		问答时间	默认值 now()
guestType	Varchar	20	问答类型	如咨询、投诉
replyContent	Varchar	500	回复内容	
replyName	Varchar	20	回复者	
replyTime	Date		回复时间	

（10）活动表（activitesInfo）（表 12-32）。

表 12-32　活动表（activitesInfo）

字段名	字段类型	字段大小	描述	备注
actId	Int	4	编号	主键
actTitle	Varchar	100	活动标题	
actContent	Varchar	500	活动内容	
userId	Int	4	活动发布者 ID	外键 userInfo
actTime	Date		活动发布时间	
actPic	Varchar	100	活动图片地址	

（11）商城信息表（shopInfo）（表 12-33）。

表 12-33　商城信息表（shopInfo）

字段名	字段类型	字段大小	描述	备注
shopId	Int	4	编号	主键
shopTitle	Varchar	20	信息标题	
shopContent	Varchar	500	信息内容	

任务3　数据库操作

任务描述

在数据字典的基础上，小李就可以着手创建数据库的操作了。他需要创建数据、数据表、建立约束、表间关系，并对数据库进行完全备份；通过建立 SQL 语句来对数据表中的数据进行测试，最后对数据库进行权限设置。

任务要点

1. 创建数据库及数据表。
2. 数据操作。
3. 权限设置。

任务实现

1. 使用 SQL Server Management Studio 创建数据库及数据表

1）创建数据库

（1）打开 SQL Server Management Studio，在"数据库"项上右击，在弹出的快捷菜单中选择"新建数据库"选项。

（2）在弹出的"新建数据库"对话框中，输入数据库的名称"E_business"，选择数据库存放的位置、原始大小与增长量，然后单击"确定"按钮实现数据库的建立。

2）创建表

（1）打开 SQL Server Management Studio，展开数据库"humenResource"，可以看到，当前只有系统表，而没有用户定义的表。

（2）在"表"项上右击，在弹出的快捷菜单中选择"新建表"选项。

（3）接着，按照页面提示输入表的所有字段，最后单击工具栏中的"保存"按钮。

（4）在弹出的对话框中输入表的名称，单击"确定"按钮完成该表的设计保存。

3）创建约束

（1）创建主键、外键约束

为每张表设置主键和外键约束。

（2）设置 CHECK 约束

在相关表上设置 CHECK 约束。

4）创建企业门户网站数据库的表间关系图

根据数据字典中的外键建立表间的关系图。

（1）打开 Microsoft SQL Server Management Studio，展开人事管理数据库"humenResource"，

在"数据库关系图"项上右击，在弹出的快捷菜单中选择"新建数据库关系图"选项。

（2）在弹出的"添加表"对话框中，单击"添加"按钮，将 11 张表都添加到关系图设计器中。

（3）在要添加外键的数据表上右击，在弹出的快捷菜单中选择"关系"选项。

（4）弹出"外键关系"对话框，单击"添加"按钮。

（5）根据每张表的数据字典建立外键。

（6）当外键关系建立好后，会自动地在关系图中生成对应的关系。

5）完全备份数据库

数据库设计完成后，在进行下一步输入数据的工作之前，需要对该数据库的结构进行一次完全备份，防止数据结构被改变的情况发生。

（1）在数据库"E_business"上右击，在弹出的快捷菜单中执行"任务"→"备份"命令。

（2）在弹出的"备份数据库"对话框中选择"完整"备份，并指定备份文件的位置，单击"确定"按钮完成备份。

（3）弹出提示框告知备份完成。

2. 数据操作

1）增加数据

（1）功能需求。在数据表 activitesInfo 中增加最近公司的活动数据记录。

（2）解决方法。

① 使用 SQL 语句来完成数据的增加。

② 注意在输入 SQL 语句时必须遵照约束规则。

③ 通过显示数据表的内容，可以发现新增加的数据行。

2）删除数据

对于数据库来说，数据都是以行的形式存在于数据表中，因此删除数据也是按行进行删除。

（1）功能需求。临近"六一"儿童节，公司为了配合"六一"促销活动，决定取消 5 月份最后一周的促销活动，在数据表中将这条 actId 号为"7"的记录删除。

（2）解决方法。① 由于题目要求非常明确，删除的数据的 ID 号已经给出来了，可以直接进行删除操作。

② 在查询分析器中，使用 SQL 语言中的 DELETE 删除语句，可以实现行的删除操作。

3）修改数据

（1）功能需求。6 月份，由于某品牌推出了全国促销的活动，公司为了配合该品牌的宣传，决定将 2014 年 6 月份的常规促销活动都改为该品牌的活动内容。

（2）解决方法。使用查询分析器，用 SQL 语句对 activitesInfo 表中的数据进行更改操作。

4）简单查询数据

（1）功能需求。要想知道"五一节"有些什么促销活动，如何查询呢？

（2）具体实现。打开查询分析器，输入包含"like"关键字的 SQL 语句，对表 activitesInfo 进行查询操作。

5）组合查询数据

（1）功能需求。查询出在 commentInfo 表中给出差评的用户名。

（2）具体实现。

① 用户姓名存在于 userInfo 表中，而评价存在于 commentInfo 表中，因此需要将两张表进行组合查询出所需要的信息。

② 使用查询分析器完成这个操作。

6）子查询数据

（1）功能需求。查询出会员小李所购买的商品是什么。

（2）具体实现。

① 会员小李的姓名存在于 userInfo 表中，而小李所购买的商品名称存在于 productInfo 表中，两张表之间并没有相同的字段实现联系，因此组合查询行不通。纵观这十一张表发现，其中的 orderInfo 表中既有用户号 userId，又有产品号 proId，因此可以考虑从 orderInfo 表中查询出 userId 字段与 userInfo 表相匹配，从 orderInfo 表中查询出 proId 字段与 productInfo 表相匹配，从而找到需要的结果。

② 使用查询分析器完成这个操作。

3．权限设置

1）创建并使用登录账号登录

（1）在"对象资源管理器"中"安全性"项下的"登录名"项上右击，在弹出的快捷菜单中选择"新建"选项，弹出的对话框中选择 SQL Server 身份验证，设置登录名为"busi_user"、密码、指定默认的数据库为"E_business"。

（2）在"用户映射"页面中，选择映射到此登录名的用户"busi_user"，数据库为"E_business"，最后单击"确定"按钮完成登录账号的创建。

（3）验证登录账号

① 设置服务器的身份验证模式为 SQL Server 和 Windows 身份验证模式。

② 再次连接服务器，用 SQL Server 验证方式的"busi_user"账户登录。

2）创建数据库角色

（1）展开数据库"E_business"，选中"安全性"→"角色"项并右击，新建针对该数据库的角色。

（2）在新建数据库角色的窗口中，定义角色名称为"db_busi"，根据提示创建角色对表的访问。

（3）对角色"db_busi"设置针对表的数据库权限。

（4）将角色应用到选定的登录用户"busi_user"上，该用户就具有了这个角色的权限。

（5）最后，使用用户名"busi_user"进行 SQL Server 方式验证登录，并验证角色权限对该用户的限制。

反侵权盗版声明

电子工业出版社依法对本作品享有专有出版权。任何未经权利人书面许可，复制、销售或通过信息网络传播本作品的行为；歪曲、篡改、剽窃本作品的行为，均违反《中华人民共和国著作权法》，其行为人应承担相应的民事责任和行政责任，构成犯罪的，将被依法追究刑事责任。

为了维护市场秩序，保护权利人的合法权益，我社将依法查处和打击侵权盗版的单位和个人。欢迎社会各界人士积极举报侵权盗版行为，本社将奖励举报有功人员，并保证举报人的信息不被泄露。

举报电话：（010）88254396；（010）88258888

传　　真：（010）88254397

E-mail：　dbqq@phei.com.cn

通信地址：北京市万寿路 173 信箱

　　　　　电子工业出版社总编办公室

邮　　编：100036